sapientia
サピエンティア44

市民力による防衛

Civilian-Based Defense: A Post-Military Weapons System

軍事力に頼らない社会へ

ジーン・シャープ［著］
三石善吉［訳］

法政大学出版局

CIVILIAN-BASED DEFENSE

A Post-Military Weapons System

by Gene Sharp

The Albert Einstein Institution
P. O. Box 455, East Boston, MA 02128, USA
Website: www.aeinstein.org

市民力による防衛——軍事力に頼らない社会へ◉目次

第四章　市民力による防衛

第五章　「超軍備」に向けて　201

凡例

一　本書は Gene Sharp, *Civilian-Based Defense: A Post-Military Weapons System*（Princeton University Press, 1990）の全訳である。
一　傍点は原書の強調イタリック。
一　『』は原書の書名イタリック。
一　「」は原書の引用符。
一　（）は原書に準じる。
一　〔〕は訳者による補足。
一　〈〉は訳者による強調。
一　原注（文献案内）は巻末にまとめた。
一　訳注は番号を付し巻末にまとめた。

市民力による防衛——軍事力に頼らない社会へ

序文

本書『市民力による防衛――軍事力に頼らない社会へ』[1]は、〈市民力による防衛〉という精緻化されつつある政策への、一つの実践的導入となることが意図されている。市民力による防衛は、軍事兵器の代わりに社会それ自体の力を用いて、国内の権力簒奪と外国からの侵略者とを抑止・防禦する。その武器は心理的・社会的・経済的・政治的なものであって、一般大衆と社会のさまざまな組織とがそういった武器を使用する。

本書の主張は二つある。一つは国内の権力簒奪と外国からの侵略とに対して〈市民力による防衛〉政策が展開されること、一つは独裁制と圧政とを力強い非暴力闘争を決行する力量によって阻止・解体することである。大規模な非協力と公然たる拒否とによって、守りについている社会を攻撃者が効果的に支配できないようにすること、攻撃者の目標を断固拒否すること、そして攻撃者たちが抱いている味方の行政官と軍隊への信頼感を失わせてしまうことを狙いとしている。

市民力による防衛は、研究・調査され、民間および政府の査定を受けるべく提示されており、いくつかの国々ではすでに、この市民力による防衛政策が、限られた局面ではあるが、現行の防衛政策の中に取り入れられている。

私の目標は、一つには、一般の人々の中でも自分たちの防衛問題についてもっとよい解決策を探し求めている人々の考え方に、刺激を与えるような書物を提供することであり、かつまた、市民力による防衛で欠くことのできない役割を演ずる、防衛問題の分析者・安全保障問題の専門家・官僚・陸軍将校・非暴力闘争の戦略家・学者・学生・社会の任意団体の人々、そういった人々の注目に値するような新しい情報・新しい概念・新しい選択肢を提示することである。

本書は、すでに出版した私の『欧州を盤石にする』〔一九八五年、ロンドン〕という書物とは対照的に、世界のある一部の国々だけではなく、多くの国々が直面している広範な安全保障問題に焦点を当てている。したがって民主主義と独立とを求める強い欲求があるなら、この市民力による防衛の提示は、多くのさまざまな国の関心を引く事柄ではあるまいか。あらゆる国家は、政治状況・経済状態がどうあろうとも、外国の侵略あるいは国内における簒奪出現の可能性には留意せざるを得まい。こういった問題こそ、本書で取り組んでいる問題群なのである。あらゆる国々の国民は、それぞれ独自の伝統・安全保障上の脅威・軍事的手段を持った、自分たち独自の社会を守る市民力による防衛の可能性および妥当性を、本書中の多様な事例を参照して判断することができるだろう。

本書はもともと、数年前プリンストン大学出版局のサンフォード・サッチャー氏の薦めによる。氏の激励・洞察力ある助言・重大なコメント・支援・忍耐があったればこそ、何とか本書を完成することができた。サッチャー氏が出版局を去ってからは、ゲイル・ウルマン女史が社会科学分野の編集者として、原稿を最終段階に至るまで綿密に見て下さった。出版局のチャールズ・オールト氏は素晴らしい編集上の助言をして下さった。

昨年〔一九八九年〕中は本書の準備中に、アルベルト・アインシュタイン研究所のブルース・ジェンキンス氏の大変有益な援助を得たことで、私はとりわけ幸運であった。氏の調査・洞察力ある本質的批判・提言・編集上の能力は、本書をそうでなかったら到底到達し得なかったような、大変素晴らしい書物にしてくれた。

私はまた、本書執筆を可能にしてくれたアルベルト・アインシュタイン研究所、そして同研究所に寄付して下さった方々と同研究所のスタッフとに感謝申し上げる。それらの人々の大きな支援があったればこそ、侵略・独裁制・集団殺害・圧政に立ち向かう、暴力に替わるものとしての非暴力闘争の本質およびその潜在的可能性とに関する、他の多くの研究が可能になったのである。

一九八〇年代の間、我々は、これまでにも発生してきた実際的な非暴力闘争の遂行が、国際的規模で最も重要な地点にまで拡大するのを目撃することになった。タリンからナブルスへ、ラングーンからサンチャゴへ、プレトリアからプラハへ、北京からベルリンへと世界中の人々が、自分たちの自由・独立・正義を求める権利を主張して、非暴力闘争を以前よりも遙かに多く行使している。(2) 学者たちによる調査・冷静な評価・洗練された戦略分析とによって、今やこの技法をさらに深く理解し、その効力を増大させる必要がある。本書は非暴力闘争の本質・諸問題・潜在的力量について書かれるべき多くの書物の中のたったの一冊に過ぎない。そういった書物は、非暴力闘争と市民力による防衛とが、独裁制・集団殺害・圧政・戦争といった問題に立ち向かい解決しようとする際に、一体どのような役割を演ずるのかを我々が判断する助けとなるだろう。

ジーン・シャープ

アルベルト・アインシュタイン研究所
一四三〇　マサチュセッツ通り
ケンブリッジ、マサチュセッツ　〇二一三八
一九九〇年一月一〇日[3]

第一章　戦争なき防衛？

防衛の必要性

政治と国際関係の将来について、確かなことが二つある。すなわち紛争は避けられないこと、そして国内の権力簒奪者と外国からの侵略者とに対する効果的な防衛が要求されることである。あらゆる政治社会は、その成員がそういった攻撃の犠牲者になることを望まない以上、とりわけ安全保障政策と簒奪者・侵略者と闘うある種の〈武器体系〉とを必要とする。この安全保障政策と武器体系とは、〈抑止と防禦〉という二つの任務を遂行できなければならない。

まず第一にこの武器体系は、国内の簒奪と外国からの侵略とを高い確率で阻止するために、十分に強力で、周到に準備されていなければならない。抑止の目的は、潜在的攻撃者が目標を達成できないばかりか、結果的にはとても容認できない程の〈コスト高〉となってしまうので、攻撃したくても攻撃できないようにさせてしまうことである。[1] 抑止とは、攻撃を思いとどまらせる〔諫止〕というもっと幅広い過程の中での、決定の段階である。すなわち、抑止はもちろん合理的論拠・道義的不服申立・国内の騒乱・非挑発的政策を含めて、これらの内のいくつかの影響を受けた結果、潜在的攻撃者に結局はみずからの攻撃意図を放棄させてしまうことである。[2]

しかしながら大きな問題が存在する。すなわち攻撃を思いとどまらせること〔諫止〕ができないかもしれないこと、またいかなる抑止も決して抑止を保証するものではないということである。それ故に抑止の失敗は、結果的には修復可能でなければならないし、みずから選び取った武器類は依然生き残っていて使用可能でなければならない。

第二に、もし抑止が失敗した時でも、この武器体系は効果的に防衛できなければならない。防衛は文字通り防禦・保全・危機の回避として理解されなければならない。防衛に用いる手段は、攻撃を無力化させ、終わらせることができなければならないが、守りについている社会を破壊してはならない。防衛力は攻撃者に攻撃をやめさせ撤退させること、あるいは攻撃者を打ち破ること、さらに平和で自律性があり選び採られた憲法体系をもつ従前の社会状況に復帰させることができなければならない。

ほとんどの人も政府も、軍事的手段だけが外国の侵略を抑止し防禦できると信じている。国防の任務を遂行する軍事政策の妥当性、および軍事政策のもたらす諸問題の深刻さに関する見解は多様である。その中には、一方の極論として強力な軍事的手段が外国からの危機に直面した際の唯一の現実的選択肢だという見解、また軍事的手段を弱体化させたり、さらに悪いことにそれらを無くしてしまおうなどという意見は政治的にも道義的にも無責任だという見解がある。また他方の極論として平和主義者の見解があり、戦争そのものは如何なる政治的悪よりも遙かに悪である、したがって個人や全社会はあらゆる軍事行動・あらゆる戦争準備に反対し、参加を拒否すべきだという。この両極論の間には、多くの異なった見解といくつかの意見を組み合わせた見解もある。

本書はそういった見解を扱うものではないし、またその分析の長所と妥当性とのここでの評価は、軍事政策もかなりの妥当性があるとするある人物の見解とか、あるいは「正義の戦い」や「平和主義」を受け入れてよいとするある人物の信念とかに依拠するものでもない。実際それら両極論は、今日では政治的および道義的理由の双方からも、恐らく不適切あるいは不完全であろう。ここで大切なことは、今日では軍事的手段は完全だと主張するような人はほとんどいないだろうし、あるいは軍事的手段は極めて重大な問題や危険を生みだすものだということを否定する人はほとんどいないだろうということである。さらに言えば、軍事的手段は常にその目標達成に成功しているなどと論ずる人もほとんど居まい。大量破壊はともかく、軍事的敗北は常に起り得るのである。

現代軍事技術の極端な破壊性は、実に多様な対応策に刺激を与え、多くの代替案を提出させるに至った。しかし攻撃と破壊とを防止あるいは制限し、かつ我々がすでに明確に説いてきたような防衛を提示するという試みはほんの僅かであった。

その中の一つの応答は、厳格な防衛線に沿って軍事力の再構築を要求するものである。このアプローチは、あるいは「専守防衛」「非攻撃的防衛」とも「非挑発的防衛」とも呼ばれ、西ヨーロッパでかなりの発展を見、スイスの長年にわたる防衛政策との大きな類似性を見せている。スイスの政策では武器と戦略的計画の双方共に、事前の準備もなく、潜在的侵略者の国土への反撃能力もなく、専ら防衛のみが想定されている。

いくつかの変形形態はあるもののこのアプローチの典型例は、軍隊に余り破壊的でなく、機動力も射程距離も限られた、攻撃的目的には適さない兵器を配備しようと提案するものである。例えば戦車そのものよりも対戦車砲の方が好まれ、長距離爆撃機あるいはミサイルよりも航続距離の短い戦闘機の方が好まれることである。いくつかの典型例は同様にまた、緊急事態対策も攻撃的な襲撃に対処する準備も、反撃のための準備すらないままの装備を用いる、厳格な防衛戦略を採用しようと提案している。このように専ら防衛的に編成された軍事力は他の国々の脅威認識を減少させ、先制攻撃の可能性を遙かに減少させるだろうと言われている。西ドイツなどいくつか[3]の国では、そういった専守防衛の考え方が、かなりの信頼性を得ている。この考え方は、大量破壊の兵器がなくとも抑止と防禦とを促進するための一政策として提示されており、本格的な検討に値するものである。

ここでは「専守防衛」論への詳細な批判はできないが、このアプローチには明らかに、いくつかの重大な問題点があるということは指摘しておく必要がある。まず第一に、戦争の段階的な拡大の可能性が依然として残っていることである。攻撃者の側で、この限界ある軍事的防衛手段では、攻撃を成功裏に収めるには大きな障害になると判明すれば、攻撃者はその攻撃の熾烈さと破壊性とを増強しようとするだろう。他方、防衛者の側で自分たちの限界ある軍事的防衛手段が適切であると考えなくなれば、もしその能力があるなら（あるいは直ちに開発できるとか、何とか入手できそうであるなら）、もっと破壊力ある兵器を使いたいという圧力を受けるだろう。

第二に、「専守防衛」手段は一般市民の間に厖大な死傷者をほぼ確実に生み出すだろう。いわゆる伝統的な戦争の前線というものが無くなり、多数の軍事的な小部隊が広く全国土に散開している場合の軍事的衝突は、多くの死傷者を発生する一つの誘因となる（この危険を減殺するために、都市部に、軍事的に防禦されていない「無防備都市」宣言〔国際法上攻撃されない〕をさせたら、という計画は、この問題を無くしてしまうことにはならない）。ある点でこの「専守防衛」というアプローチは、一般的には高度な科学技術を備えた兵器と連携して侵略者への正確無比な反撃を行う、基本的には防衛のためのゲリラ戦の一変態である。防禦のためのゲリラ戦に本質的に伴う基本的な諸問題が、この「専守防衛」政策に当てはまることになる。「専守防衛」政策は、それゆえ一旦実行に移されるとユーゴスラビア・ソヴィエト連邦の被占領地域・アルジェリア・ベトナムのような多くの国々で行われてきたゲリラ戦の経験とほとんど同様なものとなるであろう。(4) これらの事例では、守りについている人々の死傷者数は並みはずれて大きくなり、しばしば全人口の一割を超えることがあった。厖大な物理的・社会的損壊も、同様に典型的なものであった。人口稠密な中央ヨーロッパで「専守防衛」計画が実行されたなら、死傷者と破壊の程度は壊滅的なものとなるだろう。最終的にこの戦いで勝利を収めたとしても、社会の組織と軍事組織の復旧にも支障をきたすなど、紛争そのものが原因となって長期にわたる社会的・経済的・政治的・心理的影響が残るであろう。

こうして見ると〈軍事力による〉「専守防衛」は従って、一方では抑止と防衛の必要性、他方では今日の高度な軍事技術による大量破壊性という、我々共通の難問への満足のいく解決策ではないように思われる。軍事的手段一般に関する我々の多様な見解がどうあろうとも、外部からの攻撃と内部からの政権簒奪とを抑止し防禦したいという社会の要請に応えるべく、非軍事的な代替手段がそもそもあるのかどうか、もしあるならそれを開発し得るのかどうかを研究することが、大いに望まれるのではあるまいか。

我々は、いま述べてきたような抑止・防衛の非軍事的な代替手段を研究するための、限られてはいるが現にかなり多くの資料を持っている。大規模な非協力と大規模な公然たる拒否とが、外国からの攻撃と国内の簒奪とに対する防衛として、これまですでに多数の事例で、事前の準備が無いまま行われてきた。それらの事例は通常余りよく知られておらず、しかもその防衛上の潜在的重要性もほとんど真剣に検討されてこなかった。しかし現にそれらの事例は存在するのであり、それによって国家防衛の軍事的・準軍事的手段に取って代わるものが、少なくともある条件のもとではあり得ることを立証しているのである。したがって重要な問題は、一体どうすれば非軍事的闘争の潜在的力量が改良されて、さらに他のさまざまな事例においても、その能力が本当に攻撃を抑止し必要とあらば攻撃を成功裏に防禦できるのかということになる。一体、現代の戦争のさまざまな危険を回避しつつ、抑止と防衛とを可能にするような、効果的な〈軍事力に頼らない防衛政策〉があり得るのだろうか。

市民力による防衛

こう言ったタイプの代替政策は、合衆国では「市民力による防衛」と呼ばれ、ヨーロッパでは通常「市民的防衛」[5]あるいは「社会的防衛」と呼ばれている。この用語は、(軍事的・準軍事的手段と異なる)市民的な闘争手段(デモやストなど)を用いる、(軍人と異なる)一般市民による防衛を示している。これは外国の軍事的侵略・占領・国内の簒奪を抑止し打倒することを狙いとする政策である。後者の国内の簒奪には、行政権の簒奪と頻発するクーデターの双方を含む。すなわち通常政治的・軍事的・準軍事的エリート集団が、現存する政府の内部あるいは外部から、国家機構の物理的・政治的支配力を奪取することである。このクーデターは純粋に国内的に行われることもあるし、外国の扇動と援助とを受けて行われることもある。

外部からの侵略と国内の簒奪に対する抑止と防衛は、社会的・経済的・政治的・心理的武器によって達成される（「武器」という言葉で、我々は、軍事的紛争であろうと非暴力的紛争であろうと、戦闘中に用いられる、必ずしも物的な物に限られない道具あるいは手段を意味するものとする）。市民力による防衛では、そういった非暴力の武器が、広範な非協力を行うために、また大規模な民衆による公然たる拒否を行うために用いられる。その目的は、外国人政権・傀儡政権・簒奪者政権であろうと、攻撃者がその目標を達成できないばかりか、その支配を強化できないようにさせることである。この非協力と公然たる拒否はまた、そのほかの行動形態とも組み合わされて、攻撃者の〈軍隊と軍属〉の忠誠心を失わせ、また彼らに命令と弾圧の実行への不信感を大きくさせ、さらに彼らに反乱すら起こさせてしまうことを狙いとしている。

市民力による防衛は国家防衛という問題に対して、精緻にして改良された形態の、多岐にわたる非暴力行動あるいは非暴力闘争の技法を用いることである。その技法は一般住民によって、また攻撃者たちの攻撃目標と作戦行動とによって最も影響を受けやすい特定の集団によって、そして社会のさまざまな組織によって用いられることになる。そういった人々のうちどこが最も闘争に巻き込まれやすいかは、経済的・イデオロギー的・政治的あるいは他の目的等々、攻撃者の狙いによって異なってくる。

市民力による防衛は事前の〈準備・計画・訓練〉の基礎の上に立って、一般住民とさまざまな組織とによって行われるものである。これらの事柄は順序として、非暴力抵抗の基礎的な研究報告や、攻撃者の政治組織の詳細な分析、そして徹底的な問題解決的研究、例えば厳しい抑圧に直面した時どうすれば住民の持続的抵抗力を強化できるのか、あるいは攻撃を受けた時どうすれば最も効果的な情報交信網を維持できるのか、といった研究等に基づくことになろう。そういった非暴力の闘争形態をできるだけ効果的にするための必要条件を理解すること、および攻撃者の弱点を鋭く衝く方法を見極めることは、市民力による防衛戦略を成功裏に展開する基礎である。

市民力による防衛は、自国人であろうと外国人によるものであろうと、政治権力というものが当該社会内にある源泉から引き出されているという理論に依拠している。それら〈権力の源泉〉を拒否あるいは分断することによって、人々は支配者を抑制し、外国の侵略者を打ち負かすことができる。この理論は第二章でさらに詳細に検討されよう。第三章で我々は、市民力による防衛が多数の指針を引き出している非暴力行動の多彩な技法を用いる際、この「他人頼みの支配者たち」論〔時に従属的支配者論と簡称〕をどのように利用したらよいのか検討することにしよう。次いで第四章で、実行可能な市民力による防衛政策の概略を描いてみることにする。この政策はほとんどの防衛手段がそうであるように、事前の準備・計画・訓練に基づいて遂行されるものである。第五章で、市民力による防衛政策の調査研究・事前準備・実施実行において踏まれるべき（あるいはいくつかの事例ではすでに採られている）いくつかの段階について検討することにしよう。

歴史的原型

我々は過去の事前の準備なき闘争事例に関する多数の資料を持っており、これらの資料から、将来に出現しそうな攻撃者に対する市民力による防衛闘争に備えて、多くのことを学び取ることができる。我々は極めて多様な争点を含むこれらの事例を検討することで、非暴力闘争の本質とその潜在的力量とについて学び取ることができる。

以下に示す事例が明らかにしているように、非暴力闘争の遺産は全く多様で、国家防衛という目的のための闘争を遙かに超えて広がっている。すなわち非暴力行動は、独裁制への抵抗において、より広範な自由を求める闘争において、社会的抑圧への反対運動において、悪しき政治変革への抗議において、そして植民地支配に反対して独立国家を求める闘争において、大きな役割を果たしてきた。常識的理解とは逆に、抗議・非協力・遮断的介入という非暴力的闘争手段は、世界のあらゆる所で大きな歴史的役割を果たしてきた。そういった出来事には、その紛争内で同時に、あるいは後に発生した暴力行為にまず歴史的関心が集中したという事例（例えば、後述する一九五六年のハンガリー事件）も含まれている。

ここ数十年間の中で、国内の抑圧と独裁制とに反対する抵抗運動と革命との適切な例として以下のものがある。[6] ポーランド人の一九五六年・一九七〇〜七一年・一九七六年の運動。一九八〇〜八九年の労働組合の独立と政治的民主化とを求めるポーランドの労働運動。一九四四年エルサルバドルとグアテマラでの現存軍事独裁制への非暴力革命。一九五〇年代〜六〇年代のアメリカ合衆国における公民権闘争。一九七八〜七九年のイランにおける国王に対する革命。一九五三年の東ドイツ蜂起。一九五六〜五七年のハンガリー革命の主要局面。一九六三年南ベトナムのゴ・ディン＝ジェム政府に反対する仏教徒の運動と一九六六年のサイゴン体制に反対する仏教徒の運動。一九五三年ソヴィエト連邦のヴォルクタおよびそのほかの囚人収容所におけるストライキ運動。一九七〇年代〜八〇年代ソ連における公民権闘争とユダヤ人活動家の闘い。

もう少し遡及して、国内の独裁者と外国支配に反対する政治的に重要な非暴力闘争の事例には以下のものがある。(7) アメリカ人に多くの勝利をもたらし、北アメリカ植民地におけるほとんどのイギリス人政府を追い払ったアメリカ植民地の非暴力革命（一七六五〜七五年）。特に一八五〇〜六七年のオーストリア人支配に反対するハンガリー人の受動的抵抗。一八九八〜一九〇五年のロシアに対するフィンランド人の不服従と政治的非協力。一九〇五年のロシア革命の主要局面および一九一七年二月革命（一九一七年一〇月ボルシェヴィキ・クーデター以前の）。一九一九〜二二年の日本支配に反対する朝鮮人の非暴力的抗議（失敗した）。ガンディー主導の多くのインド独立運動、特に一九三〇〜三一年。

一九七〇年代から八〇年代にかけて起きた、重要な非暴力闘争が行われた他の国々に以下のものがある。(8) チリ・イラン・ブラジル・メキシコ・中国・ソ連邦・ハイチ・フィリピン・インド・南アフリカ・ビルマ・ハンガリー・南朝鮮・ニューカレドニア・チェコスロヴァキア・パキスタン・パナマ・イスラエル占領下のパレスチナ地域。

多くの人々を驚かせた一九八九年の非暴力闘争は、中国人の〈民主〉を求める運動の際立った特色であった。非暴力闘争の最初の局面は北京の天安門広場などでの大虐殺で終わりを告げたが、闘争は次第に別の局面へと移って行った。一九八九年の間、ソヴィエト連邦では、とりわけ炭坑夫・工場労働者・さまざまな国籍の人々（特にエストニア人・ラトビア人・リトアニア人・アルメニア人・グルジア人、この中の多くの者はソヴィエト連邦からの分離独立を要求した）による、極めて広範で大規模な非暴力闘争が見られた。一九八九年の末、非暴力革命が驚くべき速度で東ドイツ・チェコスロヴァキア・ブルガリアを揺るがした。次はどこで起きるか、予測することは不可能であった。

多くの人々は、上に挙げたタイプの事例のほかにも、荒削りな非暴力形態の闘争が、同じように外国の侵略者あるいは国内の簒奪者に対する主要な防衛手段として用いられていることに気付かないでいる。

この章で、我々は、事前の準備なき非暴力闘争による国家防衛の四事例を紹介しよう。二つの事例は国内のクーデターに対決するもの、二つの事例は外国の軍事的侵略と占領に対決するものである。反クーデターの二事例は、一九二〇年ワイマル・ドイツでのカップ一揆に対する抵抗、および一九六一年アルジェリアのフランス軍将校たちによるシャルル・ド・ゴール大統領政府転覆計画に対する抵抗である。反侵略の二事例は、一九二三年ルール地方をフランス・ベルギーの侵略と占領とから守ろうとするドイツ人の反撃の事例、および一九六八〜六九年ソヴィエトとワルシャワ条約機構軍の侵略と占領とに対するチェコスロヴァキアにおける国家防衛闘争の事例である。

この四事例は、我々が今日知る限り最も鮮明に憲法と国家とを防衛するために非暴力闘争が用いられた事例であり、かつどの事例でもかなりの量の歴史的資料が残っているという理由で選び出されている。しかしながらこの四事例共に、抵抗には事前の準備は無かった。明らかに一般市民・諸組織・政府にも、この非暴力抵抗を行う際に、いかなる準備・組織化・訓練・適切な装備・緊急事態対策（〈軍事力による防衛〉では日頃からこれら全てを備えている）も無かった。この欠如こそこの四事例の最大の弱点であった。考えてみても欲しいが、何ら事前に組織された軍隊もなく、兵士の訓練もなく、武器・弾薬の開発も備蓄もなく、軍事的戦略の研究もなく、将校たちによるクーデターへの何の備えもなく、輸送・通信の配備もなく、血液の緊急補給も緊急医療活動の準備もないのに、一体どうやって戦争に勝ち抜けるだろうか。以下に概略を示す四事例は、そのような何の備えもない状況下で、突如発生したのである。

事前の準備のない、非暴力闘争による国家防衛の事例は他にもある。それには一九四〇〜四五年オランダ人の反ナチ抵抗運動の主要局面、一九四〇〜四五年ドイツ占領に対するデンマーク人の抵抗運動の主要局面（一九四四年コペンハーゲン・ゼネストを含む）、クウィスリング政権に対するノルウェー人の抵抗のほぼ全局面、ナチ同盟国および被占領国での「反ユダヤ人法」[9]の取消しを求める政府・民衆ぐるみの抵抗、例えばブルガリア・イタリア・フランス・デンマークがある。

事前の準備なき防衛という前記全ての事例は、入念な調査・研究・分析に値する。全てが成功したわけではない（また周到に準備した軍事的防衛闘争が全て成功を収めたり、目標をしっかりと達成したわけでもない）。そういった事例が指し示していることは、実際に起こってしまったという単純な理由からでもあるが、非暴力防衛闘争は可能であるということである。これらの事例は結果的に、非暴力防衛闘争が力強くかつ効果的であるということを示しており、また非暴力防衛闘争の原動力と問題点への重要な洞察を与えてくれるのである。

クーデターへの事前の準備なき闘争

ここで述べるクーデターに対する市民の闘争の二事例は、それぞれ非常に異なっている。しかしながら双方共に、正統政府は非暴力的に活動するごく普通の人々・公務員・正規の兵士の行動によって救われているということを示している。このドイツ人とフランス人の事例は、しかしながら、唯一の事例ではない。

興味深いことにレーニンは、一九一七年一〇月のレーニンによるクーデター後の数年間、旧政権の官僚による非協力に直面するのである。政府の官僚たちは、ボルシェヴィキが暫定政府〔ケレンスキー政権〕といくつかのライバル革命政党〔社会民主党左派・中道派・メンシェヴィキ〕から国家の統治機構を奪取した後、新しい共産主義政府に極めて重大な問題を突きつけた。その問題は四年以上経っても依然として厳しいものであった。一九二二年三月、レーニンはロシア共産党第一一回党大会で、次のように述べた。一九二一年の「政治的教訓」は、権力の座を支配することが必ずしも官僚制度を支配することを意味しないということである。共産主義者たちは「多くの命令を右や左にまき散らしたが、結果は共産主義者たちが期待したものと全く違っていた」と。

次の事例なども調査・分析に値しよう。一九五七年ハイチにおける暫定大統領ピエール＝ルイに反対するゼネスト、一九七八年ボリビアでの〔ファン・ペレーダ将軍の〕軍事クーデターに反対する成功した非協力運動、一九八一年ヤルゼルスキ将軍のクーデター後の同将軍の政権に反対するポーランド人民の非協力運動（この抵抗は、官僚制度・警察・軍隊にまで拡大しなかったが）。

ドイツ、一九二〇年

一九二〇年、ドイツの新しいワイマル共和国は、すでに深刻な経済的政治的問題に直面していたが、さらにクーデターによって攻撃を受けた。[10] このクーデターはヴォルフガング・カップ博士とヴァルター・フォン・リュトヴィッツ陸軍中将によって組織され、一九一七年以降実質的にドイツの独裁者であったエーリヒ・ルーデンドルフ将軍の支援を受けていた。[11] ほとんどのドイツ軍は「中立」を保ち、一揆に参加も反対もしなかったが、「義勇軍（フライコール）〔エアハルト海兵旅団〕」部隊に参加した退役軍人や民間人は、三月一二日〔夜一〇時ベルリン西方三〇kmの駐屯場を出陣、一三日午前七時には〕ベルリン〔宰相官邸等〕を占領した。フリートリヒ・エーベルト大統領下の合法民主政府は、〔ドレスデンから〕結局はシュトゥットガルトに避難した。

ベルリンでカップらは新政府を宣言したが、避難中の合法政府は合法政府にのみ従うことが全市民の義務であると宣言した。各州（ラント）[12]も共和国を攻撃した者たちへのあらゆる協力を拒否するよう命ぜられた。

クーデターに反対する労働者のストライキがベルリンで突発した後、社会民主党は（政府の正式な承認なしに）、エーベルト大統領および他の社会民主党の大臣名でゼネストを呼びかける宣言を発した。カップ一味は直ちに大規模な非協力運動に見まわれた。公務員と保守的な政府官僚は簒奪者に協力することを拒否した。有力人士たちは成り上がり者の政権ポストに就くことを拒否した。非協力の方針に従って、人々は簒奪者の権威を認めず、簒奪者への支援を拒否した。三月一五日、合法政府は簒奪者との妥協を拒否し、カップ一味の権力はさらに弱体化した。「軍事独裁制の崩壊」と書かれた抵抗を呼びかける無数のビラが、飛行機から首都にシャワーのようにばらまかれた。弾圧は時に酷くなり、ストライキ中のかなりの者が射殺された。

しかしながら、非協力運動の圧力はますます強くなり、三月一七日、ベルリン治安警察はカップ〔宰相〕の辞任を要求した。この日カップは辞任してスウェーデンに逃亡した。この日の夜、多くのカップの補佐官は平服に着替えてベルリンを脱出し、フォン・リュトヴィッツ将軍も〔国防相を〕辞任した。優勢な非暴力的非協力運動の中でも、かなりの数の流血の衝突が起こった。「義勇軍」部隊〔六千人〕はその後、合法政府に再び従順を誓い、隊伍を組んでベルリンから退去した〔三月二一日〕。退去に当たり、彼らは自分たちに共感を持たない、かなりの数の市民に発砲して死傷させた。クーデターは労働者・公務員・官僚・一般住民の連帯した行動によって打ち破られた。簒奪者たちはみずからの権力獲得を実効あるものにしようとして、人々と行政職員の協力を求めたのであるが、集団的な拒否に遭ってしまったのである。

ワイマル共和国には、さらに別の重大な国内問題〔賠償と経済問題〕が継続しているのであるが、共和国は国内の攻撃者に反対する人々と政府との非協力と公然たる拒否の発動によって、共和国に対する初の正面攻撃を持ちこたえたのである。

フランス、一九六一年

一九六一年四月初め、フランス大統領シャルル・ド・ゴールは、アルジェリアをフランスに留めておく努力を放棄するつもりであると表明した。その後フランス領アルジェリアにおいて、同年四月二一〜二二日の夜、フランス外人部隊第一空挺連隊が反乱を起こし、アルジェ市の支配権を正統フランス人指導者たちから奪い取り、他の反乱軍は近隣の要衝を抑えた。大した抵抗もなかった。合法フランス政府に忠誠を尽くす、少なくとも三人の駐アルジェリアの将軍（最高司令官を含む）は、反乱軍に逮捕された。[13] この反乱は駐アルジェリア・フランス軍とパリの文民フランス政府との、これまでの政策紛争の頂点であった。

一九六一年四月二二日、反乱軍の「軍司令部」は、アルジェリアを包囲状態に置いたと宣言し、かつ文民政府の全権力を引き継いだ、いかなる抵抗も排除する、と声明した。四人の大佐がこの陰謀を組織したが、この声明文は四人の退役直後の将軍（シャール、ジュオー、ゼレール、サラン）の名前で発表された（「将軍たちの反乱（Generals' putsch）」ともいう）。翌日になると、このクーデターに、ニコ将軍（フランス空軍参謀の代行主席）、ビゴ将軍（駐アルジェ空軍指揮官）および他の三人の将軍が加わった。簒奪者たちは、新聞社・ラジオ局の支配権を奪い、彼らにフランス領アルジェリアの情報独占権を与えた（と簒奪者たちは思った）。

パリのフランス政府は苦しい状況に追い込まれた。五〇万のフランス軍がアルジェリアに置かれており、フランス本国にはごく少数の即応部隊が残されているだけである。ドイツに配置されているフランス軍二箇師団は信頼性に疑いがあった。[14] 準軍事的な「国家憲兵隊」と「共和国保安中隊」は同様に忠誠心が疑わしかった。しかもパリ政府に対する並行クーデターが起こされるかもしれない、あるいは空軍が反乱軍を輸送してフランスに侵入し、ド・ゴール政府を乗っ取るとの恐れもあった。アルジェにおけるクーデターの成功は、一にパリの合法政府を倒すことができるか否かにかかっていた。

四月二三日、日曜日、フランスの諸政党と労働組合は大衆集会を開き、クーデター反対を表明するため、翌日、象徴的な一時間ゼネストを行うと予告した。この日の夜、ド・ゴール大統領は、フランス国民への演説を放送し、反乱軍を拒否し抵抗せよと人々に促して次のように述べた。すなわち「フランスの名において、私は命令する。あらゆる手段を用いて、繰り返す、あらゆる手段を用いて反乱軍が打倒されるまで、反乱軍に通ずる全ての道を遮断せよ。私は全てのフランス人に、とりわけ全ての兵士に告ぐ、反乱軍のいかなる命令も実行してはならぬ」。

同日夜、ドブレ首相は独自に放送して、空挺部隊の攻撃に備えて、パリの空港〔ル・ブルジェとオルリー〕を閉鎖すると警告した。ドブレ首相は「あらゆる手段」を強調しつつも（これは明らかに軍事行動を含む）、自身は非暴力的手段を取るべきと確信しており、兵士たちが飛来したら合法政府に忠誠を尽くすように説得するための、大衆行動を呼びかけた。すなわち「サイレンが鳴り響いたら直ちに、徒歩あるいは車で空港に赴き、道を踏み外した兵士たちに大きな誤りであると、説得せよ」。

ド・ゴールのフランスからの放送を、アルジェリアの一般住民も、多くが徴集兵士〔強制的募集の兵士〕であった軍隊の面々も、トランジスター・ラジオ経由で聴き知り、その演説の録音はさらに複製されて、広く配布された。ド・ゴールは、自分の演説が広範囲にわたる非協力と不服従とを引き起こすものと確信しており、「今から直ちに、反乱は、一時間毎にますます激しくなっていく〈受動的抵抗〉に直面しよう」と述べた。

四月二四日午後五時、一千万の労働者が、象徴的な〔一時間〕ゼネストに参加した。ド・ゴールは、憲法によって大統領に与えられている非常事態権限を発動[15]〔第一六条〕し、多数の右翼のクーデター支持者を逮捕した。飛行場では人々が自動車を滑走路上に放置して、航空機が着陸しようとしてもできないように妨害の準備を整えた。官公庁の建物には警戒に当たる者が配置された。アルジェリアには金融封鎖と船積み封鎖が敷かれた。その夜クレパン将軍はドイツ駐留のフランス軍は政府に忠誠を尽くすと声明し、翌朝にはパリに移動するよう命ぜられた。

アルジェリアのフランス軍はド・ゴール政府を支持して、反乱軍を弱体化させるよう行動した。火曜日〔四月二五日〕までには、指令可能な輸送機の三分の二、および多くの戦闘機がアルジェリアから飛び去って、反乱軍がフランス本土に侵入できないようにしてしまった。残ったパイロットは、機関が故障したふりをしたり、飛行場を封鎖したりした。兵士たちは兵舎に閉じこもって全く出動しなかった。そのほか故意の非能率行動の事例が多く見られた。例えば、反乱軍将校からの命令書は行方不明になった。書類は消えてしまった。通信と輸送は遅延した。徴集兵は皆、自分たちの非協力の力が合法政府を助けるものと認識していた。クーデターの指導者たちが全アルジェリアにおけるフランス軍に支配と命令とを維持するためには、発令可能な兵力のほとんどを投入しなければならない。ところが多くの将校はしばしば、どちらの側にも味方せず、勝負がどちらに転ぶか観望し、勝つ方に就こうとしていた。

アルジェリアのフランス人市民もアルジェ市の警察官も、最初クーデター側を支持していた。しかしアルジェ市の公務員や地方政府の責任者たちはしばしば反抗を企て、公文書を隠してしまったり、クーデター側を支持していると見られないよう個人的に辞職したりした。四月二五日、火曜日の夕刻、アルジェ市の警察官はド・ゴール政府支持に回った。反乱の指導者の間で、暴力的な手段を取るべきだという者たちとの、内部意見の不一致が大きくなった。その日の夜、ド・ゴールは再度放送を通じて、政府に忠誠を尽くす軍隊に、反乱軍への発砲を命令した。しかしながらその必要はなかった。クーデターはすでに致命的に弱体化していたからである。

指導者たちは発動したクーデターの中止を決議した。四月二五〜二六日の深夜、外人部隊第一空挺連隊はアルジェから撤退し、反乱兵士たちは政府官庁ビルを放棄した。シャール将軍は降伏し、反乱を指揮した他の三人の退役将軍は潜伏した。[16]

少数の犠牲者が出た。アルジェリアとパリで、恐らく三人が殺され、数人が負傷した。攻撃は、公然たる拒否と自己解体で徹底的に打ち破られた。ド・ゴールは大統領職にとどまり、アルジェリアは一九六二年〔七月三日〕に独立した。

侵略への準備なき闘争

何年も前から、何十年も前から、あるいは数世紀も前から統治を確立してきた、外国の占領体制に対して行われた非暴力闘争の事例は、非常に多く存在する。そういった事例には、例えば、イギリス人支配へのアイルランド人の抵抗のほとんど、[17] 一八五〇～六七年のオーストリア支配に対するハンガリー人の抵抗、二〇世紀の前半におけるイギリス占領に対するインド人の独立運動などがあるが、[18] 以下に示す二事例の方が、遙かに明瞭に我々の議論に関連する。まず第一に、抵抗が侵略直後直ちに開始され、占領期にまで続くことである。第二に、両事例は共に政府および社会の主要な組織の正式な支援があったことである。この二事例はしたがって、〔侵略への非暴力闘争が遂行されるには〕一体何が改善されるべきかを検討する原型として、大変適切な事例なのである。

ドイツ、一九二三年

一九二三年、フランス・ベルギー人の占領に反対するドイツ人のルールにおける闘争は、外国の侵略に反対する政府の正式な政策として、非暴力抵抗の歴史の中で恐らく初めての事例である。[19]

一九二三年一月一一日から九月二六日までを覆うルール闘争は極めて複雑で、ここではそのいくつかの特徴を述べることしかできない。フランスとベルギーの侵略は、ドイツの恐るべき経済的苦境を無視して、〔第一次世界大戦の結果〕規定された賠償金〔一三二〇億金マルク〕を取り立て、さらに他の政治的目標（ラインラントのドイツからの分離）とを確実にするために起こされた。

占領はドイツ人の非協力政策に直面することになった。この非協力〔受動的抵抗〕政策は侵略開始のほんの数日前〔一月八日〕に決定されたもので、全く事前の準備はなかったが、この抵抗運動はドイツ政府の資金援助を受けることになっていた。[20] 労働組合はすでにこの政策を採用せよと強力に主張していた。労働組合のスポークスマンの一人は、「侵略者たちが出てくるたびに、公務員と労働者がその仕事をやめてしまったなら、また雇用者たちがフランス・ベルギーの委員会[21]の要求実現を拒否してしまったなら、委員会と軍隊からその任務を遂行する手段を奪ってしまうことが可能になるのではあるまいか」と論じていた。

侵略軍に対する実際的な非協力は次第に広がって行った。その手段は占領軍の命令に従うことを拒否することを含む。すなわち、公然たる非暴力の拒否行動、鉱山所有者による侵略者への奉仕拒否、抵抗者たちへの裁判が行われている裁判所への大規模なデモ行進、ドイツ人警察官による外国人指導者たちへの敬礼の拒否、ドイツ人労働者によるフランス向け〔石炭等輸送〕列車の運転拒否、鉄道施設の解体、小売店主による外国人兵士への販売拒否、飢餓に瀕してさえも遂行された、一般住民による占領軍の行うスープ接待所〔無料または小額でパン・スープを提供した〕の利用拒否、さまざまな禁止令を公然と無視した新聞発行、抵抗宣言とポスターの貼り出し、採炭の拒否である。

弾圧は苛烈を極めた。それには包囲下の州への課税のような措置まで含んでいた。すなわち、抵抗者の非占領地区ドイツへの追放、軍法会議の公判、暴漢・盗賊一味の黙許、裁判なしの投獄あるいは長期入獄判決を課す裁判、鞭打ち、射殺、殺害、金銭・個人財産の強奪、報道の統制、住宅・学校の軍隊への強制的供出、身分証明書への賦課、そして極めて多くの抑圧的規則の制定、等々である。抵抗に対する弾圧の結果として広範な食糧の不足は、厳しい飢餓状態を招いた。

抵抗は、時には占領要員を殺してしまう爆破を含んだ、さまざまなタイプの破壊工作によって複雑化した。この破壊工作は、諜報・密告・疑わしき情報提供者の暗殺にまで及んだ。爆破工作はまたドイツに対する国際的な同情をも失わせるものであって、プロイセン州の内務大臣カール・ゼーフェリンク、労働組合そして占領地区の一般住民は皆が皆、これまでの統一ある抵抗運動を台無しにしてしまったよそ者たちによる破壊工作を、とりわけ強く非難した。この破壊工作はまた、激怒した占領軍兵士による、公認だったり発作的だったりの、苛烈な報復と懲罰とを招いた。[22] その中には道路往来の禁止まであった。広範な失業と飢餓は昂進する途方もないインフレとも相俟って、深刻な問題となり、抵抗運動の統一性も広汎にわたる抵抗の意志さえも、ついに打ち砕かれてしまった。

一九二三年九月二六日、ドイツ政府〔シュトレーゼマン首相〕は非協力運動〔受動的抵抗運動〕を中止したが、一般住民の苦難はさらにひどくなった。複雑でさまざまな商議がなされ、ドイツ通貨はついに安定したが、他方では共産党と極右団体による暴動、およびいくつかの州(ラント)で発生したクーデターに直面することになった。[23]

ベルギー人は、ベルギー政府の行動に対して広範な抗議を起こした。フランス人の中にもドイツを支持する者がかなり現れ、「ドイツ野郎の支持者たち」と呼ばれた。一九二三年末には、ポアンカレ首相はフランス議会で彼の政策が失敗したことを認めた。ドイツはとても勝利したとはいえなかったが、結局侵略者は撤退し、ラインラントは割譲されなかった。侵略者は、何ら経済的目標も政治的目標も得ることはできなかった。

イギリスとアメリカ合衆国は、賠償金支払いの建て直しに介入し成功する。ドーズ案〔一九二四年四月〕は、賠償・占領費用・ドイツの金融支払能力の扱いを処置するために作成され、かつドイツへの融資も行った。これらの処置は全て、ドイツは依然統一国家であって欲しいとの想定に基づいていた。

占領軍は、一九二五年六月までに全て撤退した。

チェコスロヴァキア、一九六八～六九年

第二次世界大戦に続く数一〇年間、東欧における国情不安は、時にはいくつかの国々でソヴィエトの支配に脅威を与えるなど、ソヴィエトの覇権に対する深刻な問題を生みだした。この国情

不安は、非暴力的なもの（ストライキ・パレード・公然たる拒否のデモ・人民による支配権奪取）から、暴力的なもの（暴動と軍事行動さえ）に至るまで、さまざまな形態を取った。市民による闘争の中で最も重要な事例が、一九六八年のチェコスロヴァキアにおける民主化運動[24]と一九六八〜六九年のチェコ人・スロヴァキア人による国家防衛の抵抗運動である。

一九六八〜六九年のチェコスロヴァキアの事例は最も稀な事例であって、何ら事前の準備もない市民たちが急遽、国家防衛までも目的として戦うという、恐らく最も重要な挑戦の事例である。結局は敗北してしまうのであるが、簡単には負けなかった。抵抗の最初の一週間、最も注目すべき非協力と公然たる拒否とが行われた。それ以降も実に八か月間にわたってチェコ・スロヴァキア人は、ソヴィエト首脳部の政治的目的、すなわちソヴィエトの言いなりになる体制の確立を妨げた。ソヴィエト首脳部はもともと軍事的抵抗を予想しており、抵抗を粉砕し、傀儡政権を作り、そして撤退するまで、二、三日以内で全て終わる、と見積もっていたと報告されている。

ソヴィエトの指導者たちは、ワルシャワ条約機構軍約五〇万の兵力で侵入してチェコスロヴァキア軍を粉砕し、一般住民を混乱に陥れて、打ち負かせると考えていた。侵入と共にクーデターを起こさせ、ドプチェクの改革体制を交代させるのである。そのために可能な限り素早くチェコスロヴァキアの数名の重要な指導者をKGB〔КГБソ連国家保安委員会〕に拉致させた。その中にはアレクサンデル・ドプチェク共産党第一書記、オルドジフ・チェルニーク首相、ヨゼフ・スムルコフスキー国民議会議長、フランチシェク・クリーゲル国民戦線議長がいた。共和国の大統領ルドヴィーク・スヴォボダは自宅監禁に置かれた。

これはしかしながらチェコスロヴァキア敗北の兆候ではなかった。もしチェコスロヴァキアの指導部が軍事的抵抗を決定していたなら、チェコスロヴァキア軍は途方もなく巨大なワルシャワ条約機構の侵略軍によってほとんど確実に、瞬時に、壊滅的打撃を受けていただろう。チェコスロヴァキア首脳部はそのような策を取らず、緊急事態令を発して軍隊を兵舎に押しとどめ、全く異なったタイプの抵抗を敢行したのである。

この際立った特色をもつ非暴力抵抗は、侵略軍の間に重大な兵站上・士気上の問題を引き起こした。報告によれば、最初に侵入した大部分の軍隊は短期間に、ある部隊は二、三日以内に交代させる必要があったという。

いくつもの政治的戦略拠点における抵抗運動のため、〔敵性〕協力者の政府を作ることはできなかった。抵抗運動は侵略の直後から始まり、政府の報道局の職員は、数名のチェコスロヴァキア共産党員と政府指導者とが侵入を要請した、と述べた公式声明の発表を拒否した。スヴォボダ大統領は、スターリニスト共産党の一集団が彼に突きつけた文書に署名することを拒否した。[25]秘密の防衛ラジオ網〔地下秘密放送網〕は、平和的抵抗を呼びかけ、抵抗活動を報告し、侵略に反対するいくつかの公的団体を招集させた。

政府首脳部・党指導部・諸組織は侵略を非難し、国民議会は逮捕されている指導者の釈放と外国軍の即時撤退とを要求した。最初の一週間、防衛ラジオ網はさまざまなやり方の非協力運動と反対運動とをあみ出し人々を導いた。防衛ラジオ網は第一四回臨時共産党大会を招集させ、一時間のゼネラルストライキを呼びかけ、鉄道員にロシア人の送信・探知・妨害用機材の輸送を遅延させるよう要請し、敵性協力を阻止した。ラジオ網は暴力的抵抗という軽率な行動を戒め、非暴力闘争の英知を説いた。ソヴィエト側が十分な協力者を見つけ出して、彼らの傀儡政権を打ち建てることはとうてい不可能であった。

ソヴィエト首脳部は軍事的には全面的に成功を収めたのに、その国を支配することはできないと悟った。統一された市民的抵抗と増大する侵略軍の士気喪失とに直面して、彼らはスヴォボダ大統領を交渉のためにモスクワに飛来させた〔八月二三日〕が、到着するや否やスヴォボダ大統領は、拉致されたチェコスロヴァキア指導者たちを同席させよと、いささかも譲歩しない。

妥協——これは恐らく大きな戦略的誤りであった——が図られ〔八月二六日モスクワ議定書調印〕、ソヴィエト軍の駐留を認め、チェコスロヴァキア改革のいくつかが見送られたが、多くの基本的改革は維持され、かつ改革派はプラハに戻り〔八月二七日〕元のポストに就いた。一般市民はこの妥協を敗北と受け止め、一週間、それを受け入れようともしなかった。

弱さや妥協もあったが、改革体制と多くの改革は一九六八年八月から翌一九六九年四月まで何とか維持された。しかし遂にちょっとした反ソ騒動[26]がソヴィエトの強硬な圧力の口実となった。この時チェコスロヴァキア首脳部は降伏し、ドプチェク改革派集団を党と政府の地位から追放して、強硬路線のフサーク体制に取って代えたのである。

ソヴィエト首脳部は当初の軍事的手段の使用計画から、漸進的な政治的圧力と政治的操作へと移行せざるをえず、彼らの基本的目標を達成するのに、何と八か月もかかってしまった。もしチェコスロヴァキア人がそのような圧倒的な大差にもかかわらず軍事的抵抗によって戦って、ソヴィエトの完全支配を八か月間も遅らせたとするなら、その戦いはテルモピュレーの戦い[27]と同じになっていたであろう。この戦いで、少数のギリシャ軍は圧倒的に優勢なペルシャ軍と最後の一人になるまで戦い抜いたのである。

チェコスロヴァキアの防衛の本質と戦績は多くの者がすっかり忘れ去り、気付いたとしてもしばしば歪められている。この防衛闘争の敗北は、結局はチェコスロヴァキア首脳部の降伏によるものであって、抵抗運動が敗北したわけではない。しかしその非暴力抵抗運動は、軍事的手段ではとうてい不可能な、八月から翌年四月までの八か月かそこら、ソヴィエトの完全支配を寄せ付けなかったのである。

この抵抗は全て、事前の準備なく、事前の訓練もなく、いわんや緊急事態への対処策すらなかった。そういった全く不利な状況下でこのような戦果を挙げ得たのは、最終的には敗北してしまったが、よく練り上げられた、十分に準備され、よく訓練された、実際の防衛を担う非暴力闘争であるならば、軍事的手段によるよりも遙かに大きな潜在的力量を持つであろうということを示している。

体系的発展のための基礎

本章で取り上げ述べてきた四事例は、外国からの侵略と国内の簒奪とに対する抑止と防衛とを可能にする、新しい防衛様式の体系的開発のための原理を与えてくれる。

今日に至るまでこの種の行動は、依然未熟な政治的技法である。非暴力行動は軍事行動が五千年もの歴史を持つほどには練り上げられてこなかった。すでに指摘したことだが、非暴力闘争への参加者は常に、事前の組織化・事前の準備・改良された武器・訓練・過去の闘争事例や戦略的原理に関する深い知識を持っていなかった。そういったものは軍事の実践家たちが数千年もの年月の間に営々と蓄えてきたものであり、明確な自覚的な努力があって初めて、軍事行動における武器・組織・訓練・戦略の進歩発展があり、戦闘効果と破壊力を大幅に増加させてきたのである。

ところがそのような自覚的努力はこれまで、市民の闘争に対していささかも払われてこなかった。そのような決定的に不利な状況であるにもかかわらず、非暴力闘争による国家防衛の実践家たちは、極めて印象に残る成果を挙げてきたのである。我々は今や、一体どのようにすればそのような多大な成果を上げ得るのかという問題、そして前記四原型で素描したが、準備された抑止と防衛の、もっと効果的な政策が果たして将来のために作られ得るのかどうか、そしてもし作られ得るなら、それは一体どのように作り上げたらよいのかという問題にも注意を払わなければならない。

第二章　権力の源泉を利用する

予想外の力量

簒奪と侵略とに対する、前章で見たような非暴力闘争の事例は、偶然あるいは最も例外的な状況を除いて、一体どのように発生するのであろうか。非暴力闘争という出来事には、ある特定の時と所において起こった事柄を歴史のために記録すること以上の、何らかの重要性があるのであろうか。あるいはそういった非暴力闘争の事例は、より広範な妥当性を持った、一般的な行動様式の表出であると言えるのだろうか。

別の疑問がただちに湧き上がってくる。非暴力闘争は将来においても、独裁制と闘って成功できるのであろうか。もし成功できるというなら、一体どのようにすればよいのだろうか。人々はこの非暴力の技法を用いて、本当に新たな抑圧体制の台頭を防げるのであろうか。社会は一丸となってクーデターと外国の侵略とを抑止・撃退するために、この非暴力的技法に基づく防衛政策をたくみに開発し、利用することが果たしてできるのであろうか。

ほとんどの人にとって、軍隊も戦車も航空機も爆弾もミサイルもないのに、独裁制を粉砕し、侵略軍を無力化し、憲法違反の国家奪取を阻止し、侵略者を撃退できるという考えは、全く馬鹿げているとは言わないにしても、異常な考えだと思えるだろう。

一九三〇年代、ほんのごく少数の科学者たちの頭脳の中にあった考えは、しかしながらいささかも異常な考えではなかった。ある小さな、それ以前には思いもつかなかった物質の一片、仮説上での名前「アトム」は、人類史上、前代未聞の爆発力を生み出すべく利用できる、途方もない潜在的力量を秘めていた。その考えの妥当性は、今日では、はっきりしているが、一九三九年(1)にあっては、「常識」を持つほとんどの人々は、ナチも連合国側も、その考えを退けてしまった。攻撃者たち〔独伊〕の中の、最も野蛮な、あるいは技術的には最も進んでいた者たちの間にさえ、そのような兵器の手本がなかったし、小規模の実験すらなかったのである。

もしあの戦争という特殊状況がなかったなら、何百万もの小さな原子を変化させて爆弾にするという考えは、いつまでも、ごく少数の知識人だけの異常な考えにとどまっていただろう。しかしながら重大な国際的危機に対応して、厖大な人的・物的資源が科学者と技術者の利用に供されることになり、こうして小さなアトムの潜在的力量を世界で最も破壊力ある兵器へと変換させる努力が積み重ねられたのである。この結末はよく知られていることである。[2]
いささか極端だが有益な結果をもたらすに違いないという、政治権力への一つの洞察がある。これまでのところその洞察は、限られた程度でのみ利用されてきたに過ぎなかった。その洞察とは、抑圧と専制政治とを打倒するために、また侵略を抑止・撃退するために、軍事兵器などはもはや不必要になるほどに非常に効果的に利用し、巧みに用いることができる潜在的力量が社会に内在する、という洞察である。これから数年先、数十年先には、この潜在的力量は政治および国際紛争において、ほとんどの人が考えるよりも遙かに重大な影響を持つことになるだろう。非常に限られた程度ではあったが、第一章で概略した事例で発揮された潜在的力量がこれである。
以下の各章で論ずるつもりであるが、この〔権力の〕潜在的力量はさらに改良され、その効力も大幅に増強させることができる。この増強された権力の力量は、次いでさらに将来の鋭い紛争に応用できるだけでなく、大量破壊兵器がなくても、あるいは今日ではすでに防衛能力を失っている厖大な従来型の兵器備蓄がなくても、抑止と防衛の双方に対応できるということが証明されるだろう。
第一章で触れた四つの事例で、人々は実際には無力で非武装であったわけではない。彼らは事実武装していたのであるが、それは心理的・社会的・経済的・政治的武器という全く別の武器で、であった。こういった武器で彼らは、簒奪者や侵略者の権力の、まさにその〈源泉〉を攻撃することができたのである。これはそういった非暴力闘争の戦闘能力を十二分に説明している。

非協力と公然たる拒否の運動が一体なぜ、かつての強力な支配者たちを時には追放してしまうことができたのだろうか、その理由は、その運動があらゆる政府にある〈アキレス腱〉を狙い撃ったからである。つまり支配者は彼らが支配する人々と社会とに依存しており、人々と組織とによる侵略者・独裁者への協力の停止は、全ての支配者が依存している〈権力の源泉〉の入手可能性を縮小させ、かつ切断してしまうだろう。権力の源泉が入手不可能になれば支配者の権力は弱体化し、ついには崩壊してしまう。これこそが本章で示す政治権力への洞察の核心にほかならない。

他人頼みの支配者たち

政府内での、指揮権と決定権とをもつ最高位にいる個人および集団（我々は簡潔にこれを支配者と呼ぼう）によって行使される権力は、支配者に本来的に備わっているものではないということは、明白で単純で、しかししばしば無視されてきた、理論的にも実践的にも大変重要な洞察である。支配者は生まれながらにして権力を持っているのではない。支配者は権力を所有しているのではない。また支配者は自分ひとりで権力を行使するのではない。それどころか支配者にとってそのような権力が入手可能とされる限りにおいてのみ、支配者はその権力を行使することができるのである。

「政治権力」という言葉で我々は、政治社会のために政策を決定し実行する活動中で入手して行使できる、制裁（つまり刑罰）をも含む、あらゆる影響力と圧力との総計を意味するものとする。政治権力は、政府・国家・組織・反対運動・その他の集団によって保持されよう。そのような権力は、直接的に行使されるかもしれないし、あるいは予備力として保持されているかもしれない。権力はしたがって戦時はもちろん、例えば交渉中にも存在する。紛争中における権力は、勝者の側でも敗者の側でも行使される。政治権力は、圧力を加え、状況・人々・組織を支配し、人々と組織とを動員してある目的を達成させ得る相関的な能力によって測られる。(3)

支配者は全能ではないし、権力自家発生装置を持っているわけでもない。政治権力はまさにその性格上、支配者という人間の外部から発するものでなければならない。支配者一人だけで、自身の望む全てのことを成し遂げ得る身体的・精神的能力を持っているわけではない。支配者が政治権力を行使したければ、支配者は〈権威〉を持っている者として認識されなければならない。権威があればこそ、他の人々の行動を指図することができるし、大きな人的・物的資源を利用することも、政策執行部局の官僚に指図することも、そして抑圧あるいは戦闘集団に命令することもできる。そういった〈源泉〉のそれぞれの入手可能性は、彼の支配する人々および社会の多数の集団・組織の、協力と恭順に依存している。このことはこれらの構成要素が必ずしも自動的に〈自称支配者〉の意のままになるわけではない、ということを意味している。

全面的な協力・恭順・支持は、必要とされる〈権力の源泉〉の入手可能性と支配者の権力の力量とを当然の結果として高めることになるだろう。逆に協力の制限あるいは停止は、直接間接に必要とされる〈権力の源泉〉の入手可能性を減少あるいは切断するだろう。蛇口からの水の流れがバルブの締め具合で調節できるのと全く同じように、協力と非協力とは支配に必要な諸源泉の入手可能性を調節できるのである。

当然ながら支配者は、やりたい放題の能力に制限が加えられれば敏感に反応する。制限を加えるなどという考えが広まれば、権力者は当然そこに危険性を見て取るだろう。こうして支配者は当然、従わない者・ストライキをやる者・協力しようとしない者を、彼らの公然たる拒否を打ち破ろうとして、脅迫し、処罰するであろう。しかしながら話はこれで終わりではない。

いくら抑圧を加えても、権力の源泉がかなりの期間制限され、留保され、あるいは切断されたままだと、まず最初に支配体制内で生ずることは、不安と混乱であろう。これに続いて起きそうなことは、支配者の権力が目に見えて弱体化していくことである。やがて権力の源泉が留保された結果、ついには体制は麻痺し無力となり、厳しい場合には体制の崩壊にさえ至るだろう。支配者の権力は、ゆっくりとあるいは急速に、政治的に餓死するであろう。

政治権力のこのような法則は、一五四八年エティエンヌ・ド・ラ・ボエシ(4)が次のように述べていた。専制君主について語りつつラ・ボエシは書いている、「そんなふうにあなたがたを支配しているその敵〔専制君主〕には、目が二つ、腕は二本、体は一つしかない。数かぎりない町のなかで、最も弱々しい者がもつものと全く変わらない。その敵がもつ特権はと言えば、自分たちを滅ぼすことができるように、あなた方自身が彼に授けたものに他ならないのだ」と。またラ・ボエシは論じている。専制君主が支配に必要なものは全て、正統性・金銭・側近・兵士・夜を一緒に過ごす若い女性すら全ては、まさに専制君主が苦しめている人々から得ているのだと。したがってとラ・ボエシは結論づけて言う。もし専制君主に「何も与えず、全く従うことをしなければ、戦わずとも、攻めかからずとも、彼らは裸同然、敗北したも同然であり、もはや無にひとしいものとなる。あたかも根に水分や養分を与えなければ、枝が枯れて死んでしまうようなものだ」と。

権力の源泉を特定する

政治権力は下記の全ての、あるいはいくつかの〈源泉〉の、相互作用から生じる。

権威。臣民の間での支配者の権威、すなわち正統性の範囲と強度とは支配者の権力に影響を与える決定的な要因である。人々は一体どのくらい広く深く確固として、支配者が自分たちを統治する権利を正しいと認めているのか。もし支配者の権威が確固たるものであるなら、その外の権力の源泉も遥かに入手し易くなるだろうし、また恭順と協力を強制するための威嚇あるいは制裁の発動も少なくなるであろう。

人的資源。支配者の権力は、命令に従い協力し、あるいは特別な支援を惜しまない個々人と集団との数によって影響される。すなわち一般大衆の中のそういった人々の割合によって、またそういった人々の集団の大きさ・形態・力量によって影響される。一体どれくらいの人々が、また一体どのような組織が、支援しているのか、あるいは支援を拒否しているのか。

技術と知識。支配者の権力は同様に、喜んで支配者に従い支援しようとする個々人と集団の技術・知識・能力によって影響される。それだけでなく、個々人と集団が支配者の必要とするものを供給し得る能力によっても影響される。彼らは果たして支配者が要求している能力を持っているのだろうか。支配者は一体どの程度、彼らの技術・知識・能力に依存しているのだろうか。

無形の要素。心理的・イデオロギー的要素、感情および信念もまた、支配者の支援に重要である。こういった要素には、恭順・服従の習慣と態度、および共通の信念・イデオロギーあるいは使命感の有無も含まれる。もしこういった要素が強固であるなら、支配者は労せずしてもう一つの遙かに入手し易い〈権力の源泉〉を見つけたことになろう。他方、もしこの無形の要素が微弱であったり無かったりすると、他の権力の源泉の入手可能性はずっと困難になるだろう。

物的資源。支配者が一体どの程度、直接的間接的に、不動産・天然資源・財務的資源・経済制度・情報通信および交通運輸手段を支配しているのかということは、支配者の権力の臨界を確定するのに役立つ。そういった物的資源は直ちに支配者の目的に役立つように入手できるのか、あるいはできないのか。

制裁。支配者の権力の源泉の最後のものは、支配者が入手可能な制裁（すなわち刑罰）の種類と範囲である。そのような制裁は、恭順も協力もしない支配者自身の〈臣民〉を、また紛争中の外国の支配者の国家および軍隊をも、威嚇したり、あるいは処罰したりするだろう。とするなら以下の問題が出てくる。すなわち上に挙げたような状況下で、一体どのような圧力・刑罰・闘争手段が支配者の意のままになるのか。そういった制裁は直ちに信頼を持って、十分に発動可能であるのか、あるいは制約されているのか。

これら〈源泉〉のいくつか、あるいは全てが揃っているのかどうかは、ほとんど常に程度の問題であって、支配者にとってそれら全てが十分に入手可能であったりあるいは完全に無いという事態は、もしあったとしても、極めてまれであろう。こういった権力の源泉の入手可能性は、絶え間ない変化を見せるものであり、これらの変化は、支配者の権力の増大あるいは減少をもたらす。支配者の権力の程度・範囲・存続期間は、支配者がこれらの権力の源泉に制限なく接近できるその程度によって決定される。

被統治者への依存性

支配者のそれら〈権力の源泉〉を綿密に検討してみれば、支配者は（状況によって変化するが）、非常にあるいは完全に被統治者の恭順と協力とに依存していることが判明するだろう。我々はさらに詳しく、〈権力の源泉〉の停止によるさまざまな影響について見て行くことにしよう。

もし〈臣民〉が支配者の統治権を拒否するならば、彼らは現存する政府を成り立たせている全体的合意あるいは集団的同意を停止し始める。こうした権威あるいは正統性の喪失は、支配者の権力の弱体化あるいは崩壊の始まりである。この喪失が甚だしいと、まさにその政府の存在そのものが危殆に瀕する。国内の簒奪者および外国の侵略者の権威の拒否はしたがって、彼ら内外の抑圧者たちによる新政府樹立を阻止しようとする市民力による防衛闘争にあっては、決定的に重要な要素である。ひとたび人々が支配者の権威を拒否すれば、その協力・恭順・支持を制限し、あるいは全面的にそれらを拒否するだろう。不服従と非協力は、いかなる体制にとっても極めて深刻な問題なのである。

あらゆる支配者は圧倒的多数の臣民の技術・知識・助言・労働・行政能力を必要としている。支配者の支配管理が広範かつ緻密であればあるほど、支配者はますます大きなそのような支援を必要とするだろう。支配者の権力への貢献範囲は、例えば技術的専門家の特殊な知識・科学者の研究努力・省庁長官の組織力からさらに、タイピスト・工場労働者・コンピューター専門家・情報通信技術者・交通運輸労働者・農民の支持にまで及ぼう。経済的・政治的制度は共に、多くの個人・集団・下位集団の貢献があればこそ作動するのである。

支配者の権力は一人一人の専門家・公務員・従業員等々だけではなく、全体組織を構成している派生集団と派生組織からの、こういった全ての支援の途切れることのない入手可能性に依存している。それら支援には各省・部局・支局・各種委員会等々も含まれよう。ところで個々人も独立集団も協力を拒否してもよいように、当然ながらそれら派生集団もまた、支配者の地位を維持しその政策を実行するといったこれまでの十分な支援の提供を拒否してもよい。

これまで支配者を助けてさまざまな〈権力の源泉〉を供給してきた社会の大多数の臣民と集団とが支配者の〈権威〉を拒否し始めると、それら諸源泉の入手可能性が危機に瀕する。これまで信頼を持って支配者を助けてきた人々と集団とが今やそうせずに、支配者の望むことを効率悪く実行したり、これまでのしっかりした支持決意をみずから撤回したり、果ては支配者に対するこれまでの支援・協力・恭順の継続をきっぱりと拒否するようになる。

多くの職員の良心的で信頼できる職務が停止すると、行政と官僚制度とを動かすのに不可欠な技術・知識・人的資源が無くなってしまうだろう。多数の労働者・農民・技術者・経営者・運輸労働者・情報通信従業者・研究者の信頼できる参加が無くなると、経済システムは効率的に機能しなくなるだろう。警官や兵士が上官の命令に忠実に従わなくなると、抑圧機関は期待通りに抵抗者たちを鎮圧できなくなるだろう。

〈しなさい〉と言われたことを拒否するのに、何もヘンリー・デイヴィッド・ソーローとかモハンダス・K・ガンディーの書物を綿密に研究しなくてもよい。幼けなき子供たちは、実は多くの若者や大人でもそうなのだが、非常に上手にごく自然に不服従と非協力をやっている。拒否という現象は、我々の社会では広く認知されており、「馬を水場に連れて行くことはできるが、無理に飲ませることはできない」という昔からの格言で言い伝えられている。深遠な政治理論の理解に、ある宗教の教えの受諾に、あるいはより高いレベルの道徳的完成の到達に必ずしも依らなくても、政治的協力を拒否し従わないといった能力は、我々の都合に合わせていつでも発揮できる我々人間の生まれつきの頑固さという性癖にしっかりと根付いているものである。しかしながらその拒否が大多数の人々の確信する〈大義〉のための集団的行動に用いられた場合、その行動は強力なものとなる。なぜならその拒否行動は、政治権力の基本的性格を理解したうえで実行に移された行動様式に他ならないからである。

抑圧では不十分

公然たる拒否に直面した支配者は喜びはしないし、やすやすと屈服するものでもない。実際のところ、すでに指摘したように非協力による同意の停止は深刻な脅威として理解される可能性が極めて高いだろう。重大な政治的不穏状況に直面して、体制側が人々の要求に応えいつでも改革できるように準備ができていない場合には、体制側は漸次、〈取締り〉の強化に頼らざるを得なくなるだろう。

支配者が必要とする支援・恭順・協力を取り戻し、あるいは確保するために、役人たちは刑罰を行うぞと脅したり、実際に刑罰を加えたりするものであり、それには殴打・投獄・拷問・処刑を含むだろう。そのような制裁は体制に対する不満がかなり広がっていても、たいていの場合実行可能である。なぜなら多くの場合、まだ一部の人々が依然体制側に忠誠を誓い、かつ喜んで体制そのものを維持しようと支援し、体制の政策を実行しようとしているからである。そのような場合支配者は忠誠心のある臣民を警察官や兵士に取り立てて、残った人々に残酷な仕打ちを加えさせるのである。そのような制裁はしかしながら、この時点ではまだ次の二つの理由でその体制維持の決定的な力ではない。（外国人の、あるいは自国の）支配的集団は、まだ依然として制裁以外のもの、すなわち宗教的信念・経済的私欲・イデオロギー・確信的使命感等々によって団結しているからであり、さらに自国内あるいは国外で支配者が制裁を発動しうる能力は、まだ臣民自身から大きな支持が得られているし、またそれに頼っているからである。

制裁はとくに体制が危機を迎えた時、支配者の政治権力を維持するのに重要ではある。しかし重要だからと言って、長期間あるいは短期間であっても、制裁が常に服従と協力とを取り戻すのに成功するということを意味するものではない。

支配者による刑罰は、当初はある程度、表面上だけの服従を得られるだろうが、永続的な効果を生み出すには不十分である。支配者は不承不承の外面だけの服従以上のものを求める。強制された服従は意図的なスローダウンとは言わないにしても、義務の遂行に効率の悪さをもたらすだけなのである。支配者の権威の範囲と強さとが臣民の間で制約されているなら、脅迫と刑罰とで得られた服従は当然ながら、永続的で十全な権力の力量を確保するのに不十分であろう。

短期的であっても支配者は、抵抗する人々に刑罰を下せば必ず服従の回復に成功するとは確信できないし、また制裁を加える力量が、何時でも十分に入手可能である、とも確信できないだろう。抑圧者による制裁が公然と拒否する人々に対して期待通りに行われた時でさえ、必ずしも効果的に新たな恭順と協力とをもう一度生み出すとは限らない。刑罰が効果的であるか、そうでないかは、臣民のまさにこの独特な服従形態に関わるのである。このことは、人々は平常時においてどのように命令と指示とに従っているのかということで決まるだけではなく、また同様に特別な時および特定の状況下においても、はたして臣民は喜んで服従し協力するのかどうか、あるいは刑罰の威嚇あるいは執行にもかかわらず、臣民たちはあえて支配者を拒否し続けるのかどうかによって決まるだろう。

抵抗者たちが刑罰に直面した時でさえ、選択できるとするならば意思的な行為に向かうという立場がある。つまり抵抗者は服従を選択することができる。そうすれば不服従の廉で脅迫されていた制裁を避けることができる。あるいは彼らは不服従と危険とを選択することができる。そうすれば脅迫通りの制裁を受けることになる。このことは必ずしも優れた政治的英知の問題ではない。反抗的な十代の多くの若者はもちろん聞き分けのない多くの幼児は、もっと軽い罰があるのに、繰り返し重い罰を食らったりしている。

もし人々が刑罰の可能性が無いのなら従いたくないというのであれば、制裁が効果を持つためには恐怖されなければならない。制裁の結果は予想される恭順の結果よりも遙かに望ましくないものと見なされなければならない。刑罰が臣民の心と感情とを動かした時、また臣民が制裁に恐怖し制裁を受けたくないと思った時、脅迫されあるいは科せられた刑罰だけが、初めて恭順と服従とを生みだすのである。制裁はそれだけでは期待された結果を生みださないのであって、例えば殴打を受けた抗議運動者は翌日には抗議を始めるだろうし、投獄歴のあるストライキ実行者は依然として就業しないものだ。そして処刑された上官への反抗者はもう二度と命令を実行できないのである。制裁が強化されほぼ完全に支配者の目標を達成するほどに服従するなら、まさに刑罰は成功するのである。

大切なことは〈刑罰の恐怖〉が臣民の心を支配しない時、抑圧は成功しそうもないということである。戦場にあって負傷と死とを予感したとしても、前線の兵士たちは逃亡したり降伏したりはしない。「戦っている一団」が軍事的であろうと市民的であろうと、暴力的であろうと非暴力的であろうと、自分たちの大義を十二分に確信しているなら、彼ら一人一人への危険などものともせずに闘い続けるだろう。そのような状況で抑圧を加えれば、人々の体制からの離反をさらに促し抵抗者の数を増大させるであろう。

支配者の権力はまた別の方法でも傷つきやすい。すでに指摘したように制裁を加える能力は、少なくともかなりの数の臣民の恭順と協力とから引き出されている。逮捕・投獄・殴打、その他の形態の抑圧を加えようとすれば、どうしても警察隊・軍隊・準軍隊等の軍事力による行動、および一般住民からの何らかの支援すら、しばしば必要となる。抑圧の実行者は、期待通りにその刑罰を進んで行わねばならないが、状況によっては実際はそうならない場合もあるだろう。

警察官・兵士等々はもはや、元のあるいは現在の〈自称支配者〉がそのような抑圧の命令を出す権限を持っているとは認めないかもしれない。あるいはそのような部隊の隊員が抵抗している人々の大義に実際に好意的であり、あるいは好意的になりつつあるなら、大義のために行動している人々を罰するのに躊躇してしまうかもしれない。そのような警察官と兵士は少なくとも上官の命令に従っているように見せかけなければならないと考えて、わざと効率の悪いやり方で命令を実行するかもしれない。また同様に警察官と兵士が非暴力の抵抗者に暴力的な抑圧を加えた経験があれば、状況の多様性もあろうが進んで命令に従おうとする気持ちを減少させてしまうものだ。時にはその結果は、大規模な不満や恭順を装った不服従、あるいは非暴力の人々への残虐な抑圧を継続せよとの命令への公然たる反抗にさえ至るだろう。こういった事態の展開こそが、次の第三章で論じているが、なぜ非暴力という規律の堅持が大変重要なのかを示す一つの重要な理由なのである。

権威の否定・抵抗者の大義への共感・非暴力闘争者への暴力行使の嫌悪感、これら非暴力の重要性を示す三つの要因は意識に影響を与えて、支配者の権力を崩壊とまでは言わないが決定的に弱体化させるのである。

集団的抵抗の可能性

支配者の権力が援助と恭順との停止によって制御されうるなら、たとえ強制的にふたたび服従させようとして抑圧を加えてきても、広範な非協力と不服従は断固堅持されなければならない。ひとたび〈臣民たち〉が恐怖心を大幅に減少させたり完全に払拭してしまったなら、またひとたび〈臣民たち〉が変革の代償として進んで制裁を受けようとする意思をもつなら、大規模な不服従と非協力は可能となる。

そのような行動は、その時政治的に重大な意味を持ってくるのであって、支配者の意志は、不服従の臣民の数と支配者による臣民への依存度とに比例して阻止される。一見制御不可能に見える政治権力の問題への解答はしたがって、一体どのように大規模な協力停止を始めたらよいのか、一体どのように抑圧に屈することなく協力停止を堅持したらよいのかを学びとることにある。

政治権力は暴力から得られる、また勝利は必ずより大きな〈力量の暴力〉に味方するという説[5]は誤りである。暴力ではなくて、ほとんど無限の破壊力と殺人力とをもつ抑圧者・専制者・侵略者から勝利を得るには、不服従を選びとること、公然たる拒否の意志、抵抗の能力が極めて重要となる。

一九四三年七月、ヒトラーは次のように認めていた。[6]「征服地の者どもを支配することは、言わせてもらえば、まさに心理的な問題である。誰でも力だけでは支配できない。確かに力は決定的だが、しかし同様に重要なことは動物の調教師が彼の動物たちの主人であらねばならないような、そういった心理的なものを持つことである。彼らは我々は勝利者だと確信しなければならない」と。

もし人々が、軍事的に成功している侵略者たちを自分たちの政治的主人だと認めることを拒否したら、その時、一体どうなるのだろうか。首都を占領し、選出された指導者たちを逮捕あるいは殺害し、そしてさらにこの反乱を起こした軍隊が今や新しい政府となったと宣言した時、自国のこの軍隊の要求をもし人々が拒否したら一体どうなるのだろうか。一般の人々がまさに政治権力の本質に根ざすみずからの潜在的な力を理解している場合、まさにそのような問題が、ほとんど研究されてこなかったが、現実的・実践的な選択肢として浮上してくるのである。

実行の必要条件

政治権力へのこの洞察が実行可能であるなら、鍵となる問題はそのやり方である。今ここに居すわっている抑圧的支配者に対して、一体どのような行動を起こしたらいいのか、また一体どのようにして新たな抑圧的支配者の台頭を阻止したらいいのか、という具体的な知識が無かったことが、人々がこれまで何度もこの洞察に基づいて効果的に行動してこなかったり、また専制政治と抑圧を長い間ずっと廃絶できなかったことの、最も有力な理由の一つである。この洞察に基づく行動には少なくとも二つの大切な必要条件がある。

第一に、人々は協力を拒否することで、専制的政府に対して彼ら自身の拒絶をはっきりと表明しなければならない。この拒否には多くの形態がある。易しいものはほんの僅かしかなく、多くは危険であり、しかもそれぞれ努力・勇気・英知が要求される。

第二に、集団的あるいは大衆的行動でなければならない。支配している少数派は統一され、巧みに組織化されているが、支配されている多数派は分断され、独立した組織が無く、人々は通常脆弱で集団的な抵抗はできず、各個に撃破される。効果的な行動は集団的な抵抗と公然たる拒否とを要求する。極めて多数の臣民によって、すなわち社会集団と組織とによって、支持・協力・恭順が同時に留保される時にこそ、支配者の〈権力の源泉〉は、通常、重大な脅威を受けるのである。

例えば一人の反体制派の聖職者の説教は、ほんのわずかな献身的な地方教区民に影響を与えるだけであろうが、全国民に向けての非合法的な全教会による体制弾劾は、政府を崩壊に導くことができる。抵抗の意志をこめて職場を放棄した一握りの労働者たちは、単に馘首されるだけだろう。しかし数千人の労働者が一致団結した労働組合のもと、見事に組織化されたストライキを打った場合、大きな譲歩を迫ることになるだろう。数名の公務員が故意に命令を無視してもいささかも注目されないだろうが、ほとんどの官僚が一斉に協力を拒否した場合、行政を無力化することができる。

集団と組織による非協力と不服従とはそれ故、孤立した個人の場合とは違って必要不可欠である。そのような組織体による彼ら自身が提供している権力の源泉を留保してしまう能力こそが、それゆえに極めて重要なのである。

人々による抑制の構造的基盤

人々がその支配者を抑制するために集団的に行動する能力は、社会の非国家的な集団と組織との在り方によって大きな影響を受ける。なぜなら人々が集団的に行動できるのは、まさにそういった組織体を介してであるから。そのような非国家的な集団と組織とが〈遍在する権力核〉(7)である。遍在する権力核は、の中の「多くの場所」であり、権力が現に存在し、一点に収斂し、あるいは表出する所である。

これら遍在する権力核の正確な形態と性格とは社会によって、また同一社会内でも状況によって変化するが、以下の社会集団と組織とが含まれるだろう。家族・社会階級〔資本家・労働者等〕・宗教団体・文化および民族集団〔エスニック集団〕・職業集団〔同業組合等〕・経済団体・村と町・都市・地方と地域・小規模な政府関連の団体・任意団体〔町内会・学会等〕・政党。ほとんどが伝統的で、れっきとした公式な社会集団・社会組織であるが、しかしながら時にはこの遍在する権力核は、密かに組織されることもある。またこの遍在する権力核はある目標を達成しようとする過程で、あるいは抵抗闘争自体の展開の中で、作られたり生き返ったりすることもある。

いずれにせよ遍在する権力核としての集団・組織の信望は、独立して行動できる彼らの力量、効果的に力を発揮できる彼らの力量、他の遍在する権力核を調整できる彼らの力量、国家機構に命令している支配者の権力を抑制できる彼らの力量によって決まるだろう。

独立している各単位とそれぞれの力関係との複合体が支配者や自称支配者を抑制可能とする「構造的」基盤となる。社会全体の「構造的条件」は以下の三要因によって決定される。第一は、これら遍在する権力核の大きさと活力である。これには、そういった独立した集団・組織が存在するかどうか、その数、その内部の強さと活力の程度、それらはどれほど中央集権化されているのか、あるいは分権化しているのか、そしてその組織内での意思決定の過程が含まれる。

第二の要因は、社会の中のそれら独立している〈集団・組織〉間の関係である。それら遍在する権力核は共通の目標に向かって共闘できるのか。それら遍在する権力核はそれぞれの計画と行動とをうまく調整できるのか。

第三の要因は、それら遍在する権力核と支配者との関係である。遍在する権力核は本当に支配者と向き合って独自の行動を取ることができるのか。つまり支配者に従わず、協力もせず、かつそれによって支配者の権力の源泉を制限したり、切断したりすることができるのか。あるいはそれら遍在する権力核の現実的な行動の独立性の程度はかなり制限されているのか。

構造的条件は支配者の潜在的権力の境界の広さを決めるだろう。その境界を越えれば、支配者は構造上の変革が無ければ、あるいは臣民とその組織とからのさらに強化された権威・自発的な許諾・積極的な支援が無ければ、一歩たりとも進めないだろう。もし支配者の権力が強力で活力ある独立的な組織の真っただ中で高度に分散化しているなら、その条件は非常事態ともなれば臣民とその組織の力量を大いに強めて、〈人々による抑制〉を加えるべく、支配者あるいは自称支配者の権力の源泉を集団的に停止してしまうだろう。

自由の構造的基盤

支配者の権力が強力な〈遍在する権力核〉の間で社会全体に事実上拡散している時、支配者の権力はほぼ絶対的に抑制と制限とに従わなければならなくなり、こうして社会は、抑圧・簒奪・侵略に対して抵抗できるようになる。この状況は政治的に「自由であること」を思わせる。他方そのような遍在する権力核が大変弱体化され、あるいはその行動の独立性が破壊されている時、また臣民は皆同じように無力化し、社会の力が高度に集権化されている時、その時支配者の権力は最も制御不可能となるだろう。この状況は「専制政治」[8]を思い起こさせるものである。過去の全体主義体制が独立集団を全て絶滅しようとしたり、それら集団を党あるいは国家の完全な支配下に服従させようとしたのも決して偶然ではない。

それゆえに究極的には自由は支配者がその臣民たちに「下賜」するものではないし、また長い目で見れば、政府の正式機関の組織と手続き（例えば憲法の中に規定されているような）とが独自に、自由の程度あるいは支配者の権力の制限を決定するものでもない。社会というものは現実的には正式な憲法あるいは法の規定が示すよりももっと自由であるかもしれないし、もっと抑圧的であるかもしれない。むしろ支配者の権力の大きさ・強さと社会の実際の自由の程度とは、臣民の強さと社会全体の組織の状況とによって決まるだろう。支配者の権力と社会の自由の程度は支配者の行動と臣民の行動との相互作用によって、絶え間なく拡大されたり縮小されたりするものである。例えば支配者の中には構造的条件が認めるくらいの抑圧すらしたくないと思う者がいるかもしれないし、他の支配者たちは構造的条件が求めるよりも遙かに多くの（彼らをもっと強力にする）支持を得るかもしれない。

一方、支配者の権力の増大は、直接あるいは間接に、臣民が進んで支配者を受け入れ、従い、協力して支配者の命令と希望とを実現しようとする臣民の意志によって決定される。他方支配者の権力の縮小は、臣民の不服従の能力・協力留保の能力・命令無視の能力・課せられた要求拒否の能力とも相俟って、支配者を受け入れようとしない臣民の意志によって決定される。

どのような政治社会においても、自由あるいは専制政治の程度は、当然のことながら、主として臣民の自由でありたいとの相当な決意の、自由の中で生きたいと願って団結する臣民の意志と能力の、そして、非常に大切なことであるが、臣民を支配しあるいは奴隷化しようとするいかなる企みにも抵抗し得る臣民の能力の、反映にほかならないということである。換言すれば、人々は社会そのものを、社会の自由の確立・防衛の手段として用いてよい、ということである。科学技術的な破壊の手段ではない社会の力が、人間の自由の最強の保証者である。

防衛の社会的起源

政治権力の本質と支配者の権力に制限（あるいは解体）を加える手段への洞察は、一体どのように国内の簒奪者と外国の侵略者とを迎え撃つ効果的な社会防衛を準備したらよいかという問題と密接に関連している。この洞察は、全住民と社会の組織の双方が効果的な防衛の準備に決定的な役割を果たすことができるということを示している。

人々と組織は、攻撃者が必要とする同意・服従・協力の承認を拒否することによって、社会を防衛することができる。このような行動の背後にある原則はすでに見たように単純明快である。すなわち権力の源泉（権威・人的資源・技術と知識・無形の要素・物的資源・制裁）の制限が支配者の権力を弱体化させ、さらにその切断が支配者の権力を崩壊させるということである。

この洞察は、防衛者たちが攻撃に対して直接的に社会内部の力を用いて攻撃者と闘うという道を切り拓く。社会はそれ自身の正統性の規範・それ自体の生き方・その組織とその憲法原理の自主性を堅持することで攻撃を無力化し、社会自体を保全できるのである。社会の総力を動員して攻撃者の目的獲得活動への協力を拒否することで、社会は、経済的・政治的・イデオロギー的利得を強制的に社会に提供させようとする攻撃者の苦心の活動を、打ち破ることができる。一丸となった社会の心理的・社会的・経済的・政治的な圧力および制裁は、攻撃者自身の行政的抑圧的支配力を実動性も信頼性もないものにさせてしまうことで、攻撃の最終的敗北を生み出すために用いることができるのである。

安定した状況下でこれまで支配者に忠実に仕えてきた国家機構のさまざまな部局が、紛争状態になると次第に信頼できなくなることがある。こういった〈グルーピング〉〔分派形成〕は、時に国営銀行・最高裁判所・州政府などあらゆる政府機関で見られるものであるが、そのほかの時にも、例えば官僚制度と公務員の部局のような、あるいは警察や軍隊の分隊のような組織の内部でのグルーピングも見られるだろう。

全組織あるいはその中の重要な部門が独自の意思決定をし始め、支配者や自称支配者の命令を公然と拒否して独立的な行動を取り始めた時、彼らは集権的に管理されている国家機構の不安定要因となる。彼らはその後さらに、社会の中で独立した〈遍在する権力核〉という注目すべき特質を帯び始める。国家機構中のそのような忠誠心を失った諸部門が、彼ら独自の自律性を漸次高めて行くなら、彼らはまさにこの特殊な国家機構解体の一因となるだろう。この事態はもちろん、「支配者」であり続けようとしている、あるいは「支配者」になろうとしている集団、社会が独裁者・簒奪者・侵略者として拒否しているその集団にとっては、深甚な脅威となる。

攻撃者の権力のこういった弱体化と崩壊は、破滅的な軍事兵器を用いることなく可能である。社会が内部的に強力であり、その自己決定権を行使し、そしてしっかりと準備を整えて攻撃者と抑圧者とを拒否する時、この社会の力に依拠する防衛こそが、国内での簒奪者と外国からの侵略者とに対する最も効果的な対抗措置に他ならない。

外国からの侵略の場合、その攻撃者の母国での不同意と反対運動とに刺激を与えたり利用したりする活動、および攻撃者に対する国際的な政治的・外交的・経済的制裁を喚起する活動もまた、防衛努力の重要な構成要素となる。守りについている社会が攻撃者の本拠地や国際社会からの支援を得られる能力は、おおむねその社会のこれまでの外交政策にも影響されるだろう。

要するに強力な〈遍在する権力核〉を担う人々の簒奪者と侵略者に抵抗し得る能力は、さまざまな要因によって影響されるだろう。それら要因には以下のものが含まれる。（1）攻撃者に抵抗しようとする人々のかなり強い願望、（2）社会の集団と組織との数・強さ・独立性、（3）社会防衛のために遍在する権力核が共闘できる能力、（4）遍在する権力核が独自に発揮できる社会の力の総和、（5）人々が支配している権力の源泉、および攻撃者にとってのそれら源泉の必要度、（6）抑圧に屈せず協力を留保できる防衛者の能力のほど、そして（7）非暴力的闘争を効果的に用いる彼らの手腕。

もし防衛者たちが抵抗を望むのであれば、また重要な政治権力の源泉を管理下に置くことのできる強力な独立した組織を持っているのであれば、そして巧みな非協力と公然たる拒否の運動を展開できるのであればその時こそ、社会の力による防衛が攻撃を迎え撃つ一つの現実的な選択肢となる。しかしながら大衆的な強情さと集団的な頑固さだけでは不十分であって、闘争を始める前に人々は、最初の公然たる拒否活動に続いて、一体どのように闘争を行っていくのか知っておかなければならない。人々は、本章で述べた政治権力への洞察に基づいた、非暴力行動の技法を理解しておく必要がある。一体何がこの非暴力行動の技法を成功あるいは失敗させるのか。最高度の効力を生みだすには一体何が必要なのか。非暴力行動の技法は一体どのような方法を与えてくれるのか。非暴力行動の技法は一体どのような必要条件を課するのか。非暴力行動に関するこういったぜひ必要とされる理解には、その特定の方法・その変革の力学・成功のための必要条件・その戦略と戦術の原理を含まなければならない。

第三章　権力を行使する

非暴力の武器体系

政治的観点から言えば、非暴力行動は非常に単純な仮説に基づいている。すなわち人は必ずしも言われた通りにやらないこと、時に人は禁じられていることをしてしまうことである。〈臣民〉は自分たちが拒否した法律には従わないだろう。労働者は仕事を停止するだろう。官僚は指示の実行を拒否するだろう。兵士と警察官は、抑圧を加えよという命令をわざと非効率的に行ったり、あるいは反乱さえ起こしてしまうかもしれない。

そのような、またそれに類する行動が同時に起こったら、支配者の権力はその〈源泉〉が制限されるにつれて崩壊していく。体制が崩壊し、これまで「支配者」であった者は単に〈普通の人〉になってしまう。こうなったからとはいえ、政府の軍事施設にはいかなる損害も無く、兵士には死傷者もなく、国内の諸都市はそのまま残り、工場も輸送システムも相変わらずフル稼働しており、しかも政府の諸々の建物はいささかの損傷も受けていない。けれども実は全ての事態が変っているのである。体制の政治権力を作り支えている人々の支援が停止されているのである。

こういった権力への洞察は、一体どのように社会の防衛にふさわしい行動へと変換できるのだろうか。防衛者は外国からの侵略者と国内での簒奪者とが必要とする〈権力の源泉〉を停止するために、一体どのような方法を用いることができるのだろうか。かねてから予想されていた抑圧に直面して、防衛者が是非行うべきことは一体何なのだろうか。非暴力行動の〈技法〉に関するもう少し詳細な分析を行ってみれば、いくつかの解答が見つかるかもしれない。

非暴力行動は紛争に対する（和解や調停のような）寛大で平和的な応対とは全く異なっており、何人かの学者は非暴力行動はむしろ〈通常戦闘〉に酷似していると指摘している。非暴力行動は、戦争と同じく、戦闘の一手段である。非暴力行動は、軍隊と組んで「戦闘」を行ない、賢明な戦略と戦術を要求し、数々の「武器」を使用し、そしてその「兵士たち」には勇気・訓練・犠牲を要求する。非暴力行動はその技法の強力な形態が、特に抑圧およびその他の厳しい対抗手段を持ち決意を固め潤沢な資源をもって応ずる敵対者に向けて用いられた時には、当然ながら「非暴力闘争」とも呼ばれる。

非暴力行動を積極的な戦闘の一技法として捉えるこの見解は、一時評判になったが根拠のない次のような主張、つまり非暴力闘争などという現象は現実的には存在しなかった、あるいは「非暴力」なるものはどれも単なる無抵抗であり屈服にすぎない、という見解とは完全に逆である。また別の論難者は、非暴力行動の存在を認めるものの、次のように主張する。非暴力闘争が最強の時でさえ、この闘争形態は敵対者への理性的説得に頼っているか、あるいは道義的訴えおよび「情に訴える」その衝撃力に頼っており、この二つの方法は鋭い紛争状況下ではとても通用しそうもないと。しかしながらとくに一九六八年以降、重要な非暴力闘争の否定できない威力、例えばチェコとスロヴァキアの抵抗、ポーランドの連帯運動、マルコスに対するフィリピン人の勝利、一九八九年の東ドイツ・チェコスロヴァキア・ブルガリアの非暴力革命といった事例は[1]、懐疑論者からですらかなりの称賛を引き起こしている。

非暴力行動はまさに字義通りに非暴力の行動であって、行動しないことではない。この〈技法〉は、単に言葉だけではなく象徴的な抗議という形態の行動、社会的・経済的・政治的な非協力、非暴力介入〔という三範疇〕からなる。非暴力行動は、圧倒的に集団あるいは大衆の行動である。この技法のある形態、とりわけ象徴的方法〔半旗・弔鐘等、後述〕は行動による説得活動と見なされるかもしれないが、その他の形態とりわけ非協力の技法の形態は、多数の人々によって実行されると、敵方の体制を麻痺させたり、果ては崩壊させたりするだろう。

非暴力行動をある種の暴力的行動の代わりに用いようとする動機は多様である。過去の圧倒的多数の事例では、非暴力闘争はそれ以外の手段よりも遙かに成功しそうであるという理由で選びとられている。またある状況では、暴力を用いた過去の直接的経験から、あるいはその場合のさまざまな影響を知ってから、結局人々は暴力的手段の使用に慎重になった（「暴力」とはここでは人への肉体的損傷あるいは死をもって威嚇し、あるいは意図的にそれを実行することを指すものとする）。暴力をともなう出来事には、暴動・暴力的反乱・テロリストの軍事行動・ゲリラ戦・〈通常戦闘〉が含まれよう。流血の敗北の予感・多大な死傷者数と甚大な破壊の可能性・長期にわたると想定される暴力の影響（社会的不信感・経済的停滞・将来における軍事支配の機会の増大あるいは国内暴力の蔓延）は、人々を非暴力的選択肢の研究へと向かわせている。比較的少ない他の事例では、宗教的・倫理的・道徳的理由から暴力的行為が拒否され、その結果、非暴力的技法への道が開かれることもあった。なおその他、実践的・原理的双方の動機から暴力が拒否されることもあった。

紛争に際して非暴力的闘争の採用が選択されたからには、この行動形態を用いて勝利を得ようとするなら、人々の任務は自分たちの基本的な力を強化してこの技法を巧みに使うことである。非暴力行動を成功させようとするなら、充足されるべき必要条件がある。非暴力行動の実践者は彼らの能力を最大限に発揮して、それら必要条件を充足させなければならない。

非暴力行動は暴力的闘争よりも成功するのにずっと多くの時間がかかると広く思われているようであるが、これは必ずしも本当ではない。時に暴力的闘争は何か月も何年もかかることがある。

例えば多くのゲリラの戦闘期間を見てほしい。[2] 例えば中国・ユーゴスラビア・アルジェリア・ベトナム、あるいはさまざまな国際的戦争の長さ、例えば二つの世界大戦（ヨーロッパでの三十年戦争とか百年戦争を覚えていますか？）。軍事戦争は一般的に早く終わるなどという仮説も、軍事的手段は成功の機会を大きくするというような信念も、同様に誤りである。軍事行動では少なくとも一回の半分が、事実上敗北を喫し（一方が敗北し）ているのである。しかもそもそも戦争を始めることになった当初の目標が本当に実際に獲得されたのか、ということさえ十分に議論されていない。軍事的膠着状態のばあいなどは、どちらの側も勝ったわけではない。

他方、非暴力闘争は、時には（抑圧的政府を時には崩壊させたりして）成功を収めるだけではなく、大変速やかに終わる場合がある。例えばカップ一揆は五日以内で打ち負かされてしまった。エルサルバドルの独裁者マクシミリアーノ・エルナンデス・マルティネス将軍は、一九四四年四月から五月にかけての三週間足らずの非暴力的反乱によって追放された。軍事独裁者ホルヘ・ウビコは、一九四四年六月のたった一一日間続いた闘争でグアテマラの大統領職を馘になった。一九八九年東ドイツ・チェコスロヴァキア・ブルガリアの独裁制は、たった数週間の大規模な非暴力抵抗の末にそれぞれの国で崩壊した。

全ての非暴力闘争がこのように速やかに成功するわけではない。しかし闘争が数日か、あるいは数年かかるのかどうか、その効力の程は、非暴力行動の使い手たちがみずから選びとったその〈技法〉を堅持し、その技法を粘り強く、極めて巧みに使いこなす力量があるがどうかによる。

非暴力闘争が熟慮もせずに始められたり、すぐに放棄されたりしたなら、この技法は成功をもたらす技法ではなくなる。その威力を最大限にしようとするなら、正しくは最大の注意を払って計画を立て、厳格な訓練を待って実行すべきなのである。

非暴力行動を、主作戦（主として暴力的行動）のささやかな一副次戦線として、あるいはその他の大戦略闘争の単なる一先鋒として捉える見解は危険である。明らかに非暴力行動は、暴力行為と一緒に用いられた時に、有利な状況を作り出しうる技法ではない。事実、暴力行為と組み合わせられた非暴力闘争は最も危険である。というのも暴力行為は非暴力的技法の最も重要な構成要素に、逆効果を及ぼしてしまうからである。これについてはこの章で後ほどもっと詳細に説明することにしよう。そのような暴力行為はかなり限られた程度であっても、しばしば抵抗者の人数を減少させ、それによって抵抗者たちの非協力運動の力を弱体化させるという結果を招く。それだけではない。暴力行為は敵側陣営（特に警察と軍隊）に対して非暴力性という運動の威力を減殺させ、かつ第三者からの同情および支援の程度を減少させるであろう。つまり非暴力闘争に添加された暴力行為は非暴力運動を強化させずに、むしろ実際にそれを弱体化させてしまうのである。

非暴力行動は独特な闘争形態であって、独自の戦略・戦術・「武器体系」を用いる。見事に計画され巧みに用いられた非暴力の技法は、その技法を実践する人たちに、暴力行為の場合よりも遙かに大規模に、彼らの権力の潜在的力量を用い動員するさまざまな方法を与えることができるのである。
非暴力行動を一体どのように防衛に適用したらよいかを検討するためにまず第一に必要なことは、多彩な非暴力の「武器」を、すなわちこの〈技法〉がそれをもって展開する特定の行動〈方法〉を調べてみることである。ついで非暴力行動が成功を生み出すその〈仕組〉が探求されなければならない。こういった非暴力技法の一般的理解の上に立って、さらに国内の簒奪および外国の侵略の問題（第四章で扱う）に対して集中的に注意を払うことができるのである。

非暴力行動の方法

非暴力行動は以下を含むだろう。不作為という行為、すなわち人々が普段行っている行為、習慣によって行うことを期待されている行為、あるいは法律や規則で行うことを要求されている行為を行うことを拒否することである。任務としての行為、すなわち人々が普段行うことのない行為、習慣によって行うことを期待されていない行為、あるいは法律や規則で行うことを禁じられている行為を遂行することである。あるいは前記二つの結合である。

そのような行為は、多数の特定の行動手段すなわち「武器」から構成されている。すでに二百近く〔一九八八の技法〕が年月日を定めて突き止められているが、疑いもなく何十あるいは何百の新しいものがすでに存在しているし、これからの闘争で出てくるだろう。非暴力闘争の〈技法〉には、非暴力の武器の三つの大きな範疇、すなわち非暴力的抗議と説得、非協力、非暴力的介入がある。[3]

非暴力的抗議と説得

これは大きな範疇の一つであり、平和的な抗議あるいは説得の試みという主として象徴的行動をとるもので、言葉による表現以上のものにも広がるが、〈非協力〉あるいは〈非暴力的介入〉までには至らないものである。これらは非暴力の「武器」のうちでも最も大人しいものである。これらの方法の中には、パレード・監視請願・大衆演説・集団による宣言・栄典の拒否・象徴的大衆行為・ピケッティング〔見張り〕・ポスター・討論会・服喪・抗議集会などがある。[4]

これらを行うことで、抗議者はある事柄への賛成あるいは反対を分かり易く表明するのである。この行為は主として敵対者を感化することを意図しているが、感化できない場合でも直接的かあるいは宣伝活動を通じて念願とする変革に注意を向けさせて支援を得るべく、一般の人々に、傍観者に、あるいは第三者に、意思伝達することを目的としている。この行為はまた、まずは「不満を抱く集団」（その問題に直接的に影響を受けた人たち）を誘って、ストライキあるいは経済的ボイコットに参加するといった行動をみずから起こせるように仕向けることを意図している。

この範疇の中でも〈ビラまきのような〉かなり大人しい方法は、誰か他の人たちが〈経済的ボイコットのような〉もっと強力な行動を取ってくれるように説得することを意図している。

これらの〈非暴力的抗議と説得〉の方法は、ビラまき・ピケッティング・ポスターの配布・デモ行進などの形態で、極めて広範に用いられているものである。具体的な数例を挙げよう。牧師による反ナチの文書が何度もドイツの多くの教会で読み上げられた。チェコスロヴァキアの国民議会の最高会議幹部会は、ソヴィエト主導のチェコスロヴァキア侵略を非難する宣言文を発し、ワルシャワ条約機構の侵略五か国の政府と議会に「即時撤退」を要求した。一九五六年一一月早々数十名のハンガリーのエリート共産主義作家や芸術家たちが署名した「覚書」は、共産党中央委員会に宛てて「我々の文化生活を損なうような非民主的方法」を指導者が用いないように要求し、かつ「人民支配の精神に満ちた、自由で真面目な、健康的で民主的な雰囲気」を求めた。

一九一六年一二月四日、ウィルソン大統領が議会で演説している最中に、五人の婦人参政権論者が傍聴席で、巻いてあった旗をさっと広げた。「大統領閣下、婦人参政権をどうなさるつもりでしょうか」と書いてあった〔一九二〇年承認〕。一九六三年の南ベトナムのゴ・ディン＝ジェム体制に反対する仏教徒の運動のさなか、サイゴン市の「チュウ・ヴァン・アン」男子高校〔一九〇八年創立の名門高校〕の生徒たちは政府の旗を引き裂き仏教徒の旗を高く掲げた。一九四二年占領下のポーランドで、ドイツ人はポーランドの英雄や愛国的事件などを記念した記念碑を全て破壊した。そこでポーランド人はドイツ人指導者たちのこの暴虐行為に抗議して、それら記念碑跡地をまわる立派な巡礼道を作り、そこで祈禱集会さえ挙行した。

ブルガリアのソフィアで、ユダヤ人は計画されていた国外追放に反対する抗議集会を組織した。一九四三年五月二四日、その抗議集会には多数の非ユダヤ系のブルガリア人が加わった。警察隊との衝突が発生し多くの者が逮捕された。マテイ・ユルザリは次のように書いている。「国内の不穏を恐れて、ファシスト政府と王〔一九〇九～四六年まで王政〕は、仕方なくブルガリアのユダヤ人を死のキャンプの運命へと送る計画を放棄した」。ブルガリア市民のユダヤ人は全て救われた。

アルジェリアで一九六二年八月三一日、二万人の大衆が広場に結集し、新しく独立した国家の指導者間の争い[5]に抗議し内戦の勃発を防いだ。ブラジルでは一九八〇年代の初頭から、大規模な大衆デモが行われ、文民政府の復活を求める運動の主力となった。徹底した非暴力的大衆デモが行われ、時には一〇〇万、二〇〇万の人々が参加した。

東ベルリンにおいて一九八九年一一月四日、少なくとも五〇万人の抗議者が自由選挙・報道の自由・公民権を要求してデモ行進を行った。デモ参加者は閣僚協議会の建物の壁に彼らの要求書を、過去にやったように貼り付けた。プラハでは一九八九年一一月二五日、五〇万の抗議者が結集して、「恥を知れ！　恥を知れ！　恥を知れ！」と叫びながら、嫌われ者の共産党指導者たちを入れ替えただけでは改革をぶち壊そうとする「ごまかし」だと非難した[6]。

非協力

非暴力行動のほとんどの方法はある種の非協力を含んでいる。非協力には確として現存する社会的・経済的・政治的諸関係を、計画的に停止・制限・留保・拒否することを含んでいる。人々は例えば、敵対集団のメンバーを完全に無視する。人々はある商品の購入を拒否する。あるいは仕事を中断してしまう。人々は道義に反すると考えてその法律に従わなかったり、税金の支払いを拒否する。そのような人々は、従来行ってきた協力をやらなかったりやめてしまったり、あるいは新しい支援をしなかったり、その双方もしなかったりすることで闘うのである。これは通常の業務を遅滞させたり中断させたりする。この行為は自然発生的であったり計画的であったりするし、合法的であったり非合法的であったりしよう。

非協力の方法は社会的・経済的・政治的の三つの大きな類型に分けられる。

社会的非協力は何らかの悪あるいは不正義を行ったと見なして、個々人あるいは集団との特定の社会関係でも、あらゆる種類の社会関係でも、正常な社会関係の継続を拒否することを含む。

〈社会的ボイコット〉は大変よく知られている。一九二三年のルール闘争の間、フランス・ベルギーの将校と兵士は、ドイツ人の社会的ボイコットを受けた。兵士たちが一杯やろうと酒場に入っていくと、ドイツ人の先客はさっと帰ってしまった。第二次世界大戦の間、デンマーク人はドイツ人兵士を常に完全に「無視」して、時にはまるでそこにドイツ人兵士が全くいないかのようにふるまった。

社会的非協力の方法に、そのほかさまざまな形態があり、期待されている行動様式に従うことを拒否したり、あるいはその社会や敵側集団で認められている習慣に従うのを拒否したりすることも含まれる。そのほか類似した方法に、破門・リュシストラティの不行為[7]・親睦活動およびスポーツ活動の中止・社会的な仕事の拒否・学生のストライキ・自宅待機[8]・避難場所の提供がある。

経済的非協力は特定の経済関係の中止、あるいは新しい経済関係締結の拒否からなる。経済的形態の非協力は社会的非協力よりも遙かに多彩であって、その下位分類に経済的ボイコットとストライキがある。

〈経済的ボイコット〉は、とくに商品とサービスとの〈買う・売る・扱う〉という経済関係の拒否を含む。これには第一次あるいは第二次のボイコットがある。第一次ボイコットは、敵方との直接的な取引の中止であって、例えば一九二三年ルール闘争の間、ドイツの鉄道労働者は石炭をフランスに輸送するのを拒否した。一九四一年九月プラハの市民は、ドイツが支配下に置いた新聞の購入を一週間にわたって拒否した。第二次ボイコットは第三者に向けて用いられ、例えばボイコットされているカリフォルニア産のブドウ[9]あるいはボイコットされている南アフリカ産の商品を売っているアメリカの商店をボイコットするというように、敵方を〔直接に〕狙う第一次ボイコットに参加するようにと、第三者を誘うために用いられるものである。

経済的ボイコットには多くの形態があり、消費者ボイコット・賃貸料の留保・国際的な消費者ボイコット・生産者ボイコット・ロックアウト〔工場閉鎖〕・負債あるいは利子の不払い・銀行預金の撤退・国際的通商停止を含む。

経済的ボイコットはこれまで主として労働組合と民族解放運動とで用いられてきたが、消費者・労働者と製造者・流通業者・所有者および経営者・経済資源保有者・政府によっても行われるだろう。

〈ストライキ〉は仕事の拒否である。ストライキは、相手方に圧力を掛けるべく、集団的・計画的で、かつ通常一時的な労働の制限あるいは中止である。争点は通常経済的であるが、必ずしもそれに限られない。その目的は、相争っている集団の関係に、ある変化をもたらすことである。スト実行者は通常、仕事を再開する前提条件として明確な要求をもっている。時には単にストライキを行うぞという威嚇だけで、相手側から譲歩を引き出せることがある。

ストライキは、農場労働者と小作農、工場労働者と事務職員、あるいはその他の集団によって行われるだろう。ストライキは完全な労働停止であったり、作業能率低下のような方法での労働の制限であったりする。多くの形態があり、例えば抵抗のためのストライキ・早退ストライキ・小作農のストライキ・農場労働者のストライキ・囚人のストライキ(10)・専門家たちのストライキ・工場ストライキ・遵法ストライキ・「病欠」届・ゼネラルストライキである。経営者と労働者が組んで経済封鎖を行うかもしれない。
ストライキは意思表明の象徴でもある。例えば一九二三年一月一五日、フランス・ベルギー軍のルール侵略の四日後、ルールとラインラントの住民は三〇分間の抵抗ストライキを行って抵抗の意志を表明した。一九六八年八月、ロシア軍のプラハ侵入開始のほんの数時間後、チェコ人は多くの抵抗ストライキを行って侵略者拒否の意図を込めた合図とした。一九八九年一一月二七日、数百万のチェコ人とスロヴァキア人は二時間にわたるゼネラルストライキを行って国家機能を停止させ、自由選挙賛成、共産党支配反対の意思を表明した。[11]
それにもましてしばしば、ストライキは経済的な力を掌握しようとするものでもある。労働組合による賃金と労働条件改善のためのストライキは、多くの国々で長い歴史を持っている。なお時にストライキは、政治的あるいは革命的目標達成にも向けられる。一九四三年四月二九日から五月八日まで、ナチ占領下のネーデルラント〔オランダ〕で、多数の工場労働者も加わって、数波に及ぶストライキを敢行して、ドイツ駐留のオランダ退役兵士たちを拘禁するという計画に抗議した。デンマークの労働者は、一九四四年六月三〇日から始めて五日間におよぶゼネラルストライキで、戒厳令の撤廃と憎まれ者のデンマーク・ファシスト党員「シャルブルク軍団」[12]のデンマークからの撤退を迫った。この交渉でドイツ側からかなりの譲歩を得た。
労働者のストライキが営業停止と結び付けられると、経済封鎖を生み出す。そのような行動は、一九〇五年末帝政ロシア内でのフィンランドの自治権回復闘争〔一八〇九〜一九一九年までロシアの保護国）で決定的な要因となった。完全な非暴力的営業封鎖は、一九五六年ハイチの強者マグロワール将軍を大統領職から追い出す決定的要因となった。

政治的非協力は、これまで通りやって来た政治参加の継続を、今現在の状況下で拒否することである。個々人や小集団ならそのような方法を取るかもしれない。しかしながら政治的非協力は通常、それよりも遙かに多数の人々、政府関係の職員、あるいは政府それ自体さえもが行うものである。

政治的非協力はそれぞれ独自の事情があるからほとんど無数と言ってよいほどの多様な形態を取るが、基本的には全て、ある種の政治的行動を取ることによって敵方を絶対援助しないという強い意志から発している。政治的非協力は支配者の正統性と権威とを拒否するという形態をとる。すなわち、政府組織と勅令のボイコット・さまざまな形態の非協力と不服従・政府幹部そして職員、さらに各部局による業務停止と非協力・諸外国の政府の行動である。特定の法・法令・規則・布告・軍隊や警察官の命令を計画的に公然と平和的に破るといった市民的不服従は、それらの方法のうちで最もよく知られているものの一つである。

政治的非協力の目的は、単に抗議あるいは個人的な絶交であるかもしれない。しかし遙かにしばしばこの政治的非協力は、政府に、あるいは統治機構の支配権の簒奪を目論む正統性なき集団に、時には他国の政府に圧力をかける狙いをもっている。政治的非協力の目的はある限定された目標を達成すること、政府の政策を変更させること、政府の構成を再編させること、あるいはあわよくば政府を崩壊させてしまうことである。国内の簒奪者に向けて、傀儡政府に向けて、あるいは外国人の占領政権に向けて実行された場合、政治的非協力の目的は攻撃を打ち破り正統政府を復活することにある。

政治的非協力のさまざまな形態は、第一章で挙げた四つの事例において抵抗運動の重要な要素であった。政治的非協力は簒奪者あるいは占領者の正統性を拒否する最も大切な構成要素なのである。正統性が承認されたなら、それは人的支援・行政組織・経済的資源等々の重要な〈権力の源泉〉を遙かに手軽に入手可能とするだろう。一九二三年一月一九日ドイツ政府〔クノー政権〕は全州および全地方当局に向けて、フランス・ベルギー占領軍のいかなる命令にも従うなと命じ、占領前のドイツ当局にのみ従うように指令した。一九六八年チェコスロヴァキアにおいて、ソヴィエト侵略の三日後、プラハ市長は市長との交渉に派遣されてきた占領軍の代表者と会見するのさえ拒否した。

政治的非協力の多くの形態の中に、政府が支援する組織へのボイコットがある。例えば一九四二年クウィスリング政権はファシストの支配する新教員組合を作り上げたが、ノルウェーの教師たちはその組合員になることを断固拒否したのである。同様に軍隊あるいは警察への支援の拒否・新しく任命された「官吏」の不承認・今ある組織の解散も、この点で重要である。全行政組織を挙げての非協力は、カップ一揆打倒の最重要の要因となった。占領下のノルウェーで、ノルウェー人警察官とドイツ人兵士[13]は時に、故意に、犯人逮捕を怠ったり、逃亡の手助けすら行った。一九一七年の二月革命における大規模な帝政ロシア軍の反乱は、ツァー追放の重要な要因となった。

ある特定の非暴力運動の力関係の中で、社会的・経済的・政治的非協力という武器を振るう非暴力抵抗の力量は、とりわけ重要である。そのような方法は防衛にも攻撃にも用いられよう。防衛に用いられたこれら非協力の方法は、独立した主導権・行動様式・組織等々を堅持することによって攻撃を阻止するだろう。攻撃に用いられた非協力は、敵方の作戦、および敵方を支援している今ある組織・集団をも攻撃するだろう。

非暴力介入

この最後の範疇に含まれる方法は、前記二つの範疇での方法とは非暴力手段を用いて直接的に状況に干渉する、混乱させるという点で異なっている。これらの行為は単に見解を伝達したり、協力を留保したりすることを狙いとするものではない。そうではなくて、人々はこの方法を用いて闘いの主導権を握り、その体制や状況を直接的に混乱させて、この介入が何とかして除去されたり、その活動が無力化されない限り、現状を維持できないようにさせるものである。

この範疇での方法は心理的・身体的・社会的・経済的・政治的形態をとる。それには、断食・坐り込み・非暴力的妨害・新しい社会的行動様式の創出・居残りストライキ・別の経済的組織[14]・

入獄の勧め・協力なしの単独作業・並行政府が含まれる。

攻撃的に用いられた場合、非暴力介入は即座に挑発することすらなく、闘いを敵方自身の陣営に持ち込む。これらの方法は、好ましくないと見なされている現行の行動様式・政策・関係・組織を混乱させたり、崩壊すらさせるだろう。さもなくばこれらの方法は、新しく好ましい行動様式・政策・関係・組織を作り上げるかもしれない。

他の二つの範疇の非暴力行動と比べて、この非暴力介入の方法は、遙かに直接的で遙かに即時的な挑戦となる。そうは言っても、必ずしも速やかな成功を意味しない。この行動の最初の成果が速やかであれば、抑圧はますます厳しいものとなるだろうが、もちろんこの抑圧は必ずしも敗北を意味しない。しかしながらもし介入が成功すれば、介入による混乱の影響は極めて耐えがたいものであるから、非協力によるのに比べて遙かに速やかに勝利がもたらされるだろう。例えば軽食カウンターや職場での坐り込みは、一例だが差別待遇をやめさせようとするピケットあるいは消費者ボイコットよりも遙かに即時的に完全に、通常業務を混乱に陥れるだろう。

この種の非暴力運動の事例は沢山ある。アメリカの公民権運動中には、人種差別を終わらせるべく、軽食カウンターにおける坐り込みという体を張った介入が集中的に用いられた。一九五五年ゴア〔一五一〇～一九六一年までポルトガル領〕において集団的な非暴力介入が発生し、インドの土地にポルトガルの主権が及ぶのを拒否した。一九五三年、ロシアの戦車が二万五千人の東ドイツの抗議者の群れを排除すべく出動した時、デモ参加者は戦車の進路に坐り込み、阻止した。

一九六九年から一九七一年まで、アメリカ先住民は非暴力的にアルカトラズ島を占拠し、部族の故地だ、現在未使用である、と主張してその島の返還を求めた。[15] ドイツ占領下のポーランドで、ポーランド人はナチ支配のものとは別の、独立した教育制度を作った。一九六八年八月から九月の間、チェコスロヴァキア人はもう一つ別のラジオ放送網を作り、丸々二週間、ソヴィエト侵略者に公然と反抗し、彼らの宣伝に反論し、出来事と個人とに関する情報を流し、かつさらなる非暴力抵抗のための指示を与えた。一九八九年一二月一一月東ドイツで、数万人の抗議者が国家保安省[16]ライプチヒ支部の建物を包囲し、警衛保安隊の責任者に迫って、「人民の調査」により写真付きで明らかにされた保安諸組織のスパイ活動を渋々ながら認めさせた。ライプチヒ市民を国家的に「スパイ」している証拠を三〇人の「調査員」が記録として残しており、当局を有罪にする文書だとしてその破棄をやめさせている。

〈並行政府〉は非暴力闘争では特に重要な要素であって、革命状況あるいは国内の簒奪や外国の占領に対する国家防衛におけるように、そこでは社会と政治体制との全方向性が問題として取り上げられる。革命状況においては、並行政府は現存する体制に取って代わることを目的として、新しい主権国家の樹立を明言する。新しい政治機構は進化して、人々の支持と忠誠とを要求するに至る。並行政府がその姿を現すと、広範な人々の支持を得て、次第に政府の諸機能を奪い取り、遂には正統性を失い機能しなくなった旧き体制を締め出して無くしてしまう。

非暴力闘争のこの方法は、これまで注意深い分析も比較研究もなされてこなかった。この並行政府という現象は、さまざまな状況の中で、時には極めて限られた範囲で起きている。しかしながら、時には並行政府は闘争において重要な要素となり、時には完全に旧政府に取って代わることすらあった。

古典的事例としては、一七六五年から一七七五年にかけてのアメリカの独立戦争の間、並行政府の出現があった。一七七四年に先立って、アメリカ植民地への権限拡大を目論む英国側の活動に抵抗して、植民地開拓者は非暴力闘争のさまざまな方法を編み出したが、〈高圧的諸法〉[17]によってもたらされた一七七四年から一七七五年の危機の時代までには、アメリカ人は憲法的秩序があれば自分たちの不平不満を是正できるのだという信念を失っていた。その上さらにいくつかの地域の植民地総督は、抵抗を支持しそうな州議会に、会期中に議会に残っていることを禁じたのである。

これに反発して、植民地開拓者は新しい政治組織を作り上げて、現存する政治組織を変革し始めたのである。その新しい政治組織は、暫定的議会と抵抗・統治委員会との組織化を含んでいた。この流れは一七七四年一〇月「第一回大陸会議」〔九月五日～一〇月二六日〕によって採択された、見事な経済的・政治的非協力のプログラムである「同盟規約」によって弾みを与えられた。地方の・地域の・全植民地の委員会の広範なネットワークは、高圧的諸法への抵抗を支援し強化した。少し早くできた〔一七七二年一一月、マサチュセッツに始まる〕「通信連絡委員会」と共に、そういった委員会は、政府機能の多くを引き受けた。ロナルド・マッカーシーが示すように、並行政府組織は立法と行政の役割を果たし、課税に責任を持ち、さらにある地域では法廷をも司った。ある事例では、植民地議会は英国の主権を拒否し、抵抗と自治の政府機関となった。他の事例では、全く新しい組織が別の政治的権威として動き出した。この時点に至ってそれら組織が政府の代役を果たし始めたことで、闘争はもっと根本的な段階へと移って行ったのである。

並行政府の大変はっきりした例が、一九〇五年と一九一七年のロシア革命で現れた。一九〇五年、地方議会の参事会[18]はかなりの権威を行使しており、そして全行政地域と諸民族とは首都からの支配を断ち切って、独自の自律的政府を確立し、その内のいくつかは一九〇六年まで生き残った。一九一七年一〇月のボルシェヴィキ・クーデターの前、地方政府および独立したソヴィエトすなわち評議会は共に、政府権力を行使した。並行政府組織の発生期の要素は、一九三〇年から一九三一年にかけてのサティアグラハ[19]〔真理把握〕運動期のインドでも見られた。防衛という状況における並行政府の役割は、次の第四章で論じられるが、極めて重要なものである。

権力を行使する

非暴力の〈技法〉が用いられた結果、権力関係をある程度まで、と言ってもその程度のほどはこれまで全く適切に評価されてこなかったのであるが、変化させる。非暴力行動は権力を行使して敵対集団の勢力を迎え撃つことも、非暴力集団の目標を推し進めたりもするのである。

この闘争技法は、権力を行使する際、人々が紛争や闘争で想定しているやり方、とりわけ暴力に対して効果的に対処できるのは暴力だけだ、という考え方とは全く異なる方法で行使される。非暴力の方法はこれまで考えられてきたよりも遥かに複雑であり、しかも暴力的な政治過程と比較してみても、明らかに遥かに、多様かつ複雑である。このことはかなりの程度まで、非暴力闘争が敵方の体制の基底を狙い撃つことができることによる。

非暴力行動はどの事例を取って見ても、同じものは全くない。それは、非暴力集団が行使する影響力と圧力・敵方の対応・紛争状況の性質を含めて、多くの点で異なっているからである。とはいえそういった闘争の展開中に現れうる重要な特徴があることも指摘できる。

ある任意の非暴力運動の間、相互に関係しているいくつかの集団と行動とは、同時に働くだろう。多くの場合それらには、非協力的で公然たる拒否を行う臣民の大幅な増加あるいは乗法的な増加という結果が、また弾圧に直面した抵抗者たちの粘り強さが、そして第三者による圧力の可能性が含まれるだろう。心理的要因・士気上の要因は、どちらも通常の軍事行動やゲリラ戦でも極めて重要であるが、非暴力的闘争においてはそれよりも遥かに重要である。

非暴力の技法は、暴力的攻撃に比べて、敵方の軍事力を遥かに直接的に攻撃するもの、また遥かに間接的に攻撃するものと見なすことができる。さまざまな形態の暴力行為は、まずは敵方の軍隊の兵員を、時には多くの官公吏や補佐官を負傷させ殺すという営為で作動しており、これはしばしば同時に大規模な物理的な破壊を伴う。軍事力と軍事行動を取り得る力量は、それ自体、体制の政治的・社会的・経済的な権力から生まれるものであり、例えば戦車・ライフル銃・爆弾の保有量などというものよりも、実は遙かに深く〈権力の源泉〉に依存している。従って敵方の軍事力を同じく軍事活動で迎え撃つのは、権力の基底を取り去るというよりはむしろ、敵方の権力の表面に出たものだけを攻撃するものだと見なすことができる。

それとは対照的に非暴力の技法は敵方の〈権力の源泉〉そのものを狙い撃ち、こうして暴力による政治よりも遙かに直接的に作用するのである。敵方のそれぞれの権力の源泉は、すでに前章で明らかにしたように、直接的・間接的に、自国の事務官と官公吏・一般住民・社会の組織の恭順と協力とに依存している。非協力と公然たる拒否は、必要不可欠なこの恭順と協力とを打ち砕いてしまうのである。例えば支配者の正統性が拒否されると、側近たちにとっても一般大衆にとっても、恭順の重大な根拠が薄弱になってしまう。また広範な人々の不服従と公然たる拒否は、厖大な取締り問題を引き起こす。また大規模なストライキは、経済を麻痺させることができる。また官僚制度中の行政諸機関による広範な非協力は、統治活動を阻害する。さらに敵側の警察官と軍隊の反乱は、非暴力の抵抗者を抑圧するための敵方の能力を解体させることができる。

非暴力闘争は別のやり方で直接的に敵方に立ち向かう。非暴力闘争は紛争そのものとはしばしば全く無関係な、軍隊あるいは地勢上の数地点を狙うというよりはむしろ、問題の核心に狙いを付けるのである。例えば紛争の核心が主として経済的であるなら、ボイコットとかストライキのような経済的行動が適切となるだろう。法外な長時間労働への応答として、例えばロシアの一九〇五年革命の間、労働者たちは一日八時間労働を要求していたから、その時間が来たらさっさと家に帰ってしまった。闘争はしたがって、敵側の経済的支配力の脆弱性が、そして経済的協力を留保し得る労働者の力量が、どれほどなのかによって大いに影響される。同様にもし争点が主として政治的であるならその時は、政治的行動が最も効果的となろう。例えばカップ一味がワイマル共和国から支配権を奪おうとした時、公務員も官僚も各州政府も、カップらの正統性を認めることも彼らの命令を実行することも、断固、拒否したのである。これはクーデター側にとって致命的であった。

さらに具体的な事例を挙げれば、もし報道と出版の検閲が争点であるなら、徹底的に検閲規則を無視するという手段を用いて、その法規を無力化させてしまえばよい。出版物は続々と、今ある規制の法律を完全に無視して、行けると見計らったら堂々と、そうでなかったら秘密裏に、出版してよい。このような手段は、ロシア一九〇五年革命の際に広く用いられたし、またナチ占領に対するオランダ人の抵抗で、またポーランド人の一九八〇年から一九八九年のより大きな自由を求める闘争で、そしてまたパレスチナ人のイスラエルによる占領への抵抗で、広範に用いられた。ナチ占領の間、デンマークでは五三八種の非合法新聞が発行され、一九四四年にはその全発行部数は一千万部を超えた。

非暴力の技法は、また敵方の権力を暴力行為の場合よりも遙かに間接的に攻撃するものと見なすこともできよう。敵方の警察・軍隊等々と同種の軍事力で対決するのではなくて、非暴力の抵抗者たちは、対抗暴力なしで間接的に敵方に立ち向かうのである。この方法は敵方を弱体化させる一方、抵抗者たちが奉ずる大義へのますます増大する参加者と支援とを動員する助けとなるように、作動するのである。

例えば抑圧に対して対抗暴力ではなくて非暴力的に応酬することによって、非暴力行動を用いる人たちが証明して見せることは、敵方がいくら抑圧を加えても、人々を脅迫して屈服させることはできないし、また抵抗者たちを挑発して敵方と全く同じ優れた装備の暴力的手段を使って反撃させることもできないということである。非暴力という規律を堅持しつつこのように粘り抜く抵抗は、抵抗者にもう一つ有利な点を与える。非暴力抵抗者に向けられた暴力的抑圧、ということの際立った対照は、敵方の普段の支持者を離反させ、このため敵側の権力配置を相対的に弱体化させるに至るだろう。非暴力の闘士の数は増大し、彼らに対する支持も同様に大幅に増加するだろう。こういったことは全て起こり得ることである。なぜなら敵方の暴力行為は、間接的に暴力なしで迎撃されているからである。これこそが「政治的柔術[20]」の一連の技であり、これについてはこの章で後に述べる。

この種の紛争状況において、争っている集団それぞれの相対的権力と絶対的権力は、絶えず時には急激で極端な変化を受けやすい。なぜならそれぞれに与えられる支援が、かなりかつ継続的に変化し、貴重な〈権力の源泉〉の入手可能性を増大させたり、減少させたりするからである。こういった非暴力闘争中での権力の変動は、両者が暴力を用いている時よりも、遙かに大きく、遙かに頻繁に起こるだろう。この〈非対称的〉な紛争状況において、非暴力闘争は直接的にそれぞれの側の権力の源泉そのものを変質させていくのである。非暴力闘争のこの衝撃は、権力の源泉に全く間接的にしか影響しない純粋な暴力的衝突よりも、遙かに直接的であると思われる。

非暴力の戦略家たちは、それぞれの側の権力における、そういった潜在的急変を利用しなければならない。そうするためには非暴力闘争の実践家たちは、以下の三集団の戦力と忠誠心とに影響を与えるようにしなければならない。その第一は、非暴力闘争の実践家は、絶えず自陣営の戦力とその支持者の戦力の増強を図る必要があること、第二に、彼ら実践家はまた、不満を抱くより広範な集団の中から積極的な参加を増大させることができるなら、戦力を獲得したことになるだろう。第三に、非暴力闘争の性質から、抵抗者はかなりの支持を敵側陣営はもちろん、第三者の中からも得られるようになるということである。この支援の可能性はもし暴力的手段が使われるなら減少する。なぜなら観察者たちは、暴力行使への応酬なのに暴力行為に及んでいないという この問題の核心を、自由に的確に判断することができるからであり、その上さらにひたすら非暴力的手段にのみ頼っていることで通常、闘争参加者に同情が集まるからである。敵側陣営の中からも第三者の間からも支援を得ることができるならば、非暴力集団は敵方の権力の源泉を縮小したり分断したりすることで、敵方の権力に影響を与えたり、時には間接的に敵方の権力を規制したりする力量を持つことになる。

通常、抗争者間のそれぞれの権力配置におけるそのような複雑な変化の結果は、闘争の最終的帰趨を決定するであろう。

戦略の重要性

非暴力集団によって用いられる戦略・戦術およびその独特な方法とによって、権力関係における変化は大いに影響され、かつ闘争の全過程は大きく方向づけられるだろう。戦略は軍事戦闘におけるのと同じように、非暴力行動においても極めて重要である。

戦略の目的は、我が方の資源を最大限に効果的に使って、我が方の目標を最小限のコストで達成することである。用いられた非暴力行動という独特な方法は、目標達成の方法を全戦略あるいは全構想と結び付けて実行する時、最大の効果を発揮するだろう。選び取られた戦略・戦術と用いられた方法とは、どの権力の源泉が影響を受けやすいのか、どの程度まで権力の源泉が減少され、あるいは切断され得るのかを判断するのに役立つだろう。それら戦略は、通常、特定の争点に関連づけられるべきである。例えば経済的争点ならば、ふつうまずは経済的行動に、政治的争点ならばまずは政治的非協力と介入とに向けられるのがよい。しかしながら一般的な定式があるわけではなく、時には主として政治的争点をめぐる闘争において、経済的抵抗が大変有効な場合もあり得よう。どんな場合でも行動は、綿密に練り上げられた全体計画の中の一部として、ぴったり調整される必要がある。

非暴力の戦略家はしたがって、戦略的原則と彼ら自身の非暴力闘争の知識および紛争状況に関する入手可能な最善の情報を活用しつつ、深い思索と極度の注意深さとをもって、我が方の戦略を打ち建てる必要がある。非暴力闘争における戦略の一般的な議論はどこでも入手可能であるから、市民力による防衛における戦略的原則と選択肢のいくつかについて、次の第四章で論じることにしよう。

〈遍在する権力核〉の重要性

非暴力闘争を行う能力は、第二章で論じたように、実際に非暴力行動を行い支援する、その社会内における独立した組織と集団とによって非常に影響されるであろう。そこでの論議で明らかにしたことは、非暴力闘争が専門家集団・宗教団体・労働組合・政党・社会の諸集団といった社会の既存の諸組織によって行われたり、あるいはその支援のもとに行われる時、およびその非暴力闘争がその地域的・文化的・民族的・血縁的集団、さらには地方政府・州政府・地域政府、あるいはそれら各々の下位組織の支持を得ている時、非暴力闘争は大いに強化されるだろうということであった。

〈遍在する権力核〉も、あまり正式には組織されないかもしれない。あるいは非暴力闘争の直前に、あるいはその最中に作られるかもしれない。あるいはまた遍在する権力核は、ずっと活動を停止していた旧い組織体であるか、あるいは独立した行動と主導権といったその力量を、高度に中央集権化された政治体制の意図的な措置で劇的に弱体化されてしまった旧い組織体であるかもしれない。そのような組織体は、ある目標を達成しようとする過程で、あるいは彼らの社会の支配者あるいは攻撃者に対する広範な反対運動の過程で、再び活性化するかもしれない。こうして新しくできた遍在する権力核と再活性化した遍在する権力核とは共に、非暴力闘争を行う際に重大な役割を果たすだろう。

上に挙げたような事例は実際に起こっており、すでに指摘したように一七七四年から七五年の間、アメリカ独立運動の非暴力局面において、〈通信連絡委員会〉と〈超法規の州政府〉の樹立が見られた。例えばロードアイランドでは、すでに成立していた地方政府・タウンミーティング、そして正式な州政府さえもが、イギリスの支配に反対する一七六五年から一七七五年の三度にわたる非協力運動[21]で中心的な機関となった。

一九五六年のハンガリー革命の〈非暴力的な第一局面〉〔一〇月二三日〜一一月三日〕の間、新しい、おびただしい、そして強力な労働者の評議会運動が、工場労働者・専門家・その他の集団の間に展開された。この運動は直ちに政治色を帯び、連合してほぼ二週間、臨時国民政府を樹立し

たが、ついに革命の〈暴力的な第二局面〉〔一一月四日～一一月一〇日〕に至って、ロシア人はハンガリー軍を撃破した。(22)

他のさまざまな事例において、長い歴史を持つ組織、例えばスポーツクラブ・教員組合・ナチ占領下のノルウェーでは国教会〔ルター派〕が、抵抗運動の基地として同様な役割を果たした。カップ一揆への抵抗の中で、政党・労働組合・州政府・その他の組織体の役割は決定的であった。一九六八年のチェコスロヴァキアの抵抗では、共産党さえもが数週間、ロシア人に対する抵抗機関となった。一九八〇年代のポーランドの民主化運動において、独立労働組合・連帯と、学生集団・農民集団・他のさまざまな新設の集団が、強力な闘争の組織体となった（軍事クーデター後の戒厳令(23)にもかかわらず、前記の組織体は弱体化されたが根絶されはしなかった）。前記の、そしてその他の遍在する権力核、例えば地下出版社は一九八〇年代の末においてポーランドにおける民主的勢力の持続と強化の牽引車であった。

敵方の諸問題

非暴力行動によって起こされた挑戦は大人しいものであり、現状をほんの少しだけ混乱させるにすぎないかもしれない。しかしながら極端な場合にはその挑戦は、現状を一瞬のうちに粉砕してしまうだろう。そのどちらであっても、人々の注意を不平不満と反対勢力の出現とに向けさせるだろう。これまで表面には出なかった争点が明るみに出て、恐らく初めて意見の分裂に至るだろう。

強力な非暴力行動に直面した敵方は、甚大な脅威を受けることになるだろう。この挑戦の重大性は、以下のような要因によって変わってくるだろう。すなわち不平不満という問題の核心とそれらに対する明白で納得のいく説明〔の有無〕、その行動の質、参加している人数、恭順と協力の停止がどのように表明されているのか、そして抵抗者たちが敵方の報復行為をものともせずに非暴力という規律と服従の拒否とを堅持する能力である。その闘争の結果もまたかなり、この闘争が起こった社会的・政治的環境によって決定されるだろう。それら基本的な条件は以下を含む。すなわちその不服従の程度は体制側がその性格を変えることなく容認できるものなのか、不服従に関わる全ての集団中での体制への支持あるいは敵意の程度、非協力や公然たる拒否が拡大する機会、そして最後に、政府の存在に不可欠な物的・人的・道義的・組織的な〈権力の源泉〉が引き続き入手可能であるその程度は、制限されているのか、あるいは停止されているのか。

非暴力行動に立ち向かう敵方の困難さは、非暴力の技法の特殊な〈力学と仕組〉との結果である（これについては後に手短に検討されよう）。その困難さは、敵方が暴力の欠如に驚いたり、その技法の物珍しさに戸惑ったりすることにあるのではない。敵方が非暴力闘争をよく知っていたとしても、例えばそれだけでは非暴力の闘士たちを打ち破る力量を持ったことにはならない。戦争においては彼我ともに、勝利の機会を増大させるべく軍事闘争の知識を駆使している。非暴力闘争においてもその知識を持てば持つほど、敵方はますますその対抗手段に磨きをかけ、恐らくますます残酷にではなく、ますます巧みにその問題に対処できるようになるだろう。とはいえ同様に非暴力集団側も、もっと上手に闘うにはどうしたらよいか、敵方の支配と洗練された攻撃にもっと効果的に対応するにはどうすべきかを、しっかり学ぶに違いない。

ある政府および別の階層制の体制が完全な支持を得る、あるいは完全に支持を失う、という極端な事態に直面することは、あるとしても極めて稀であろうが、最もよくあるのは、彼らが部分的な支持を得ている場合である。体制がついに不服従・非協力・公然たる拒否によって崩壊した時でさえ、体制は非暴力集団を残酷に抑圧する間くらいは、まだ十分に持ちこたえているものである。したがって、非暴力の技法が暴力的な敵方との闘いの中で一体どのように機能するのかを、また変革が最終的に生み出されるいくつかの道筋を、そしてまた所与の運動が成功か、失敗か、その中間のある状況かを決定する、特定の諸要因を検討しておくことが必要である。

非暴力闘争を用いれば敵方も善意で応えてくれるなどと考えるのは心得ちがいである。敵対者たちは、自己の権力あるいは政策への挑戦がたとえ非暴力的であったとしても、高く評価することなどあり得ない。その非暴力行動が彼らの支配に重大な脅威を与えるならば、しかも彼らが抵抗者たちの要求を受け入れる意思が無いならば、敵方としては当然、反撃しなければならない。

抑圧

非暴力行動は、暴力的制裁を用いることができかつ進んでそれを使いたがる敵方と渡り合えるように考案されている。事実、非暴力闘争は以下のような暴力的体制に対して用いられてきた。ナチ・ドイツ、共産党政府下のポーランド、東ドイツ、ハンガリー、ブルガリア、ルーマニア、中国、ユーゴスラビア、ソヴィエト連邦、ホルヘ・ウビコのグアテマラ、マクシミリアーノ・エルナンデス・マルティネス治下のエルサルバドル、ピノチェトのチリ、アパルトヘイト下の南アフリカ、そしてネ・ウィン治下のビルマである。これらの手合いは、非暴力の挑戦に直面した時、突然彼らの暴力行為をやめたり、あるいは絶えず暴力行為を抑制するなどということを、とてもしそうもない。

抑圧はしたがって、厳しい非暴力的挑戦に対する当然の返礼である。抑圧は以下の形態を取る。検閲・資金や資産の没収・通信の遮断・経済的な圧迫・逮捕・投獄・徴兵・強制的収容・扇動分子(プロヴォカートル)の利用・脅迫・殴打・射殺・大虐殺・拷問・戒厳令・処刑・親戚および友人たちへの報復である。抑圧の頻度と手口は、さまざまな要因に影響されて変化するだろう。非暴力集団への抑圧はしかしながら、敵方が暴力的反乱や軍事的手段を用いる外国軍に対して用いるよりも、極めて、遙かに、限定されたものになるだろう。これは何も遠慮しているわけではなく、極端な暴力的抑圧は、非暴力的挑戦に直面しているその体制にむしろ逆効果になり得るという認識があるからである。

暴力的抑圧の高い可能性は、非暴力行動がすでに確立している秩序に重大な脅威を与えることができるという強力な証拠である。このことは非暴力技法の威力の大きさの一つの確証、一つの優位点の表れである。戦争のさなか敵方の軍事行動が、我が方の軍事行動放棄の理由にならないのと全く同様に、敵方の暴力行動が我が方の非暴力行動放棄の理由にはならないのである。

そのような暴力的抑圧はまた、ある程度その体制の隠れている本性を顕現させる。この本性の顕現は闘争の流れに影響する。極端な抑圧は、その体制の暴力的本性を、生々しく多くの市民と多くの第三者とにさらけ出し、恐らくますます敵方への支持を離反させ、非暴力の抵抗者たちへの支持を増大させるだろう。

前章で指摘したように、抑圧は必ずしも服従を生みださない。敵方の制裁が効果を持つためには、制裁が臣民の心に作用して、恐怖と服従したいという意思とを生みださなければならないからである。しかしながら、まさに戦争中におけると同じように、計画と訓練、あるいは圧倒的な忠誠心や目標があれば、非暴力の闘士たちは危険すらものともせずに抵抗するだろう。

おおかたの予想とは逆に、多くの事例において、人々がそのような恐怖に屈服しなかった独立心旺盛な証拠例がある。彼らは、戦闘の第一線におけるように、自己の恐怖心を押さえこむことを学んだし、もっと劇的に明らかに恐怖心を払拭してしまった。ブエノスアイレスの「五月広場」における女性たちの行動では、「失踪した」夫や子供たちの写真を掲げて、粘り強いパレードが行われた。[24] これは危機に直面しつつもなお公然たる挑戦を敢行したほんのささやかな一例に過ぎない。ジェラルド・ライトリンガー（初期ホロコースト史学者）によれば、在仏ユダヤ人の七五％以上を絶滅から救ったそのほとんどの功績は、フランスの人々がゲシュタポのテロ行為と脅迫とに直面しても、屈服と服従とをきっぱりと拒否したことにあるとして、「最終解決は、……フランスでは、ごく普通の人たちの良識によって失敗した。彼らは、心の奥底からの謙虚さに出会ったことで、恐怖を克服することを学びとった」と。[25] アラバマ州モンゴメリーのバス・ボイコットの間、当局が大量逮捕に踏み切り、かつ普通の私人たちが爆弾に訴えるに及んで、その都市のアフリカ系アメリカ人はますます決意を固め、遂に恐怖心を振り払ってしまった。マーティン・ルーサー・キング・ジュニアは書いている。「［公民権運動の］反対者たちは……恐怖心を払拭してしまった黒人たちを相手にしていることに気が付かなかった。だから彼らの打つ手はことごとく、誤まりであることを示していた」と。[26] 一九五三年六月一七日、東ドイツのハレ市で、ロシア軍の戦車が市の通りを巡回し、人民警察が警告射撃を空に向けて撃ったが、市の市場に六万から七万人の人々が、反政府の大衆集会に結集した。[27] 一九八六年二月、マニラ市でフィリピン人の平和的大衆が、命令に従わない将校や兵士たちを攻撃するために出動した戦車の通路を遮断した。

攻撃的な非暴力という規律

暴力的抑圧に直面しても、非暴力の抵抗者は、強い意志力があるなら初志を貫き通して服従や退却を拒否しなければならない。彼らは勝利の代価の一部として、莞爾として処罰の危険を冒さなければならない。抑圧の可能性と厳しさはさまざまであろう。しかしながらこの危険性は非暴力行動だけに特有なものではない。同様な危険性は、双方が暴力を用いている時には通常、遙かにさらに厳しくなる。

非暴力という規律は、暴力的抑圧に直面してさえも粘り強い非暴力行動を断固堅持することを言う。しかし計画された運動の中では、非暴力という規律はまた、予め決定された戦略・戦術・行動方法等々を秩序正しく遵守することも含む。

歴史の中には圧倒的な暴力すらものともせずに、感動的な規律をもって見事に闘い抜いた多くの模範的な集団が、暴力的・非暴力的行動の双方に存在する。そういった模範例の中にスパルタの将兵たちによる勇敢な防衛戦がある。紀元前四八〇年、テルモピュレーにおいて、スパルタ軍は圧倒的に優勢なペルシャ軍と最後の一人が倒れ伏すまで、戦い抜いた。また一九四三年、ワルシャワ・ゲットー[28]におけるユダヤ人の反ナチスの蜂起がある。無数の事例の中で非暴力の戦士たちもまた、報復の恐怖をあるいは死の恐怖さえも乗り越えて、彼らの規律に従って公然たる挑戦を継続した。こういった典型例は幅広く、一九三〇年、インドの民族主義者たちが、頭蓋骨を叩き割れというイギリス軍の命令に敢然と立ち向かい、彼らが〔平和裏に〕急襲したダラサナ製塩倉庫から撤退することを拒否した[29]という事例から、ベルリンの婦人たちが広場に戻って抗議を行い、機関銃掃射の威嚇をも恐れずに自分たちのユダヤ人の夫の釈放を要求した[30]という事例にまで及んでいる。

抑圧状況に置かれた非暴力集団は、敵対者たちへの抑制を増強するために、自分たちに向けられた暴力を減殺するために、そして我が方の勝利の機会を増大させるために、非暴力という規律を堅持しなければならない。抑圧に直面しても非暴力という規律を堅持するのは、何も純真な倫理的な行為ではなくて、むしろ成功するための一つの必要条件であり、かつ権力関係を有利な方へと移行させる一つの前提条件でもある。非暴力という規律は、敗北に至りそうな程の厳しい危機を迎えた時にのみ譲歩してよい。もちろん他の要因も極めて重要であり、非暴力という規律を堅持することだけが勝利を保証するものでもない。

抑圧と苦境とに直面したら、非暴力的集団は、集団の士気・連帯感・闘争継続の決意を強化するために努力しなければならない。非暴力行動の用い方、および緊迫化した状況下での行動の仕方についての事前の訓練は、そういった強化の努力を助けることになる。人々は直接的経験から、非暴力の技法を厳格に用いれば自分たちに大変有利な状況を生み出せると分かるにつれて、ますます進んで訓練を受けるようになるだろう。非暴力の闘士たちはまた、彼ら自身の経験（および他の人々の経験）を通じて、暴力に対して非暴力で立ち向かえば、死傷者が減少することも学び知ることになるだろう。非暴力闘争中に、抵抗者と傍観者とに死傷者が出るだろうが、その数は一貫して、例えば暴力的反乱・ゲリラ戦・通常の軍事戦闘といった暴力的抵抗運動に較べて、遙かに少ない。そういった全ての要因を認識することで、人々は苛烈な弾圧下にあっても、要求されている非暴力という規律を堅持するであろう。

敵方は、抵抗者たちが非暴力に代えて、取締りは同一種の武器でという問題〔武器対等の原則〕の発生しない暴力的手段を取ろうとするのを待ち望んでいる。通常、敵方は、暴力に対処すべく遙かによく装備されているから、残酷な抑圧を加たりスパイと扇動分子（プロヴォカートル）を使ったりして、ことさらに抵抗者たちを挑発して暴力に走らせようとするものである。例えば二〇世紀初頭の最初の数年間、帝政ロシアからの独立を求めるフィンランド人の非暴力的非協力運動の闘いの中で、ロシア人総督は、その運動への残酷な抑圧を正当化するために、オフラーナ（ロシアの秘密警察）を使って扇動分子を雇わせ、ロシア人に対して暴力を振るわせたり、フィンランド人によるロシア人への暴力行為を扇動したりした。[31]

もし非暴力的集団が非暴力という規律を堅持し、抑圧とその他の強圧手段とにたじろぐことなく初志を貫徹し、かつ重要な部門の人々をも含めた大規模な非協力と公然たる拒否を敢行したら、結果的には敵方の意志は効果的に阻止されるだろう。

指導者たちが逮捕されたとしても、承認された指導部不在のまま、運動は依然として実行され、展開されることになるだろう。敵方は新しい行動を非合法とするだろうが、ある地点での抵抗を抑圧すれば、他のさまざまな前線での広範な非暴力的攻撃で反撃されてしまうということをしっかり理解することになる。敵方はまた、大規模な抑圧は協力と恭順に向かわせるのではなく、絶えることのない服従の拒否あるいは離脱を招くということを理解することになる。抑圧は公然と拒否する臣民たちを抑制するには不適切であるばかりか、抑圧の機関すらも極端な場合には大規模な公然たる拒否によって、動員すらできなくなるだろう。まさに余りにも多くの人々が、余りにも多くの地点で体制を拒否するので、動員可能な警察と軍隊だけでは制御不可能になってしまうのである。

損害がひどくなって死傷者の出そうな状況に置かれても、軍の将校たちが錯乱に陥らないように、敵方の怒りと抑圧に直面しても、いささかも恐れる理由はない。非暴力闘争中にこれと同じような状況が出現しても、賢明に対処されなければならない。敵方が本当に残虐になっているとか、あるいは抵抗者たちがその損害に耐えられなくなっているのであれば、非暴力闘争の枠内で戦術と方法の転換が必要になるだろう。しかしながらそれ以外に、敵方の残虐行為は必ずしも短い局面ではないものの、一時的な局面と信ずる理由がある。残虐性は恐れ・怒り・対抗暴力から生ずるものである。それらが無く、また抑圧と残虐行為とが敵方自身の立場を逆転させ弱体化させているという証拠があれば、敵方はその暴力行為を減少させるようになるだろう。

政治的柔術

闘争を貫き通し、かつまた非暴力という規律を堅持している非暴力集団への抑圧は、〈「政治的柔術」の秘技〉を誘い出す。この秘技で敵対者の暴力的猛攻を暴力的抵抗でもなく投降でもないもので迎え撃つことで、敵対者のバランスを政治的に崩して、投げ飛ばしてしまうのである。

非暴力的集団への残虐行為は、暴力的な反逆者に対する残虐行為の正当化（敵方の自国民あるいは全世界に向けての）よりも遙かに困難である。ある体制が国際世論あるいは国内世論を一体どの程度まで無視できると思っているのか、もちろんその程度はさまざまであろうが、問題は依然として残る。つまり残虐行為のニュースはいくら検閲を厳しくしても結局は漏れてしまうだろうし、さらに苛酷な抑圧を行えば、体制への敵意と抵抗とを減らすどころか、かえって増大させてしまうだろう。

敵方の抑圧は、非暴力的挑戦者たちの規律・連帯・粘り強さに直面した時、敵方を可能な限りの最悪の状況に置く。非暴力の人々に対する残虐行為が増大していけば、敵方の体制はますます卑劣なものと見なされ、非暴力側への同情と支援はさまざまな方面からさらに大きくなっていくだろう。敵方の一般住民は体制からますます離れていき、進んで抵抗運動に参加していくだろう。こうして抵抗する人々の数は増大し、彼らは犠牲をものともせずに、闘いを継続していこうと決意するだろう。目前の紛争から離反した人たちは、抑圧の犠牲者への支援を増大させ、抑圧的体制の残虐行為と政策とを支持しなくなるだろう。一九八九年一一月一七日、チェコの警察機動隊は、自由選挙と民主主義を要求してプラハの街頭を非暴力的にデモ行進している人たちを残虐に鎮圧した。この蛮行は強硬路線の共産党体制への政治的反対を奮い立たせた。チェコ人とスロヴァキア人は、主要な蛮行現場に祭壇を立て、傷ついた人たちを英雄として讃えた。機動隊の蛮行のあと、何百、何千もの人たちが、連日、街頭デモ行進を敢行した。一学生は、その蛮行こそが「全運動を始動させた火花」であったと語った。四週間以内に共産党強硬派は無理矢理に辞職させられ、共産党は大部分の閣僚を辞職させなければならなかった。[32]

国内世論や国際世論の影響力は甚だしく多様であって、大きな変革を成し遂げるには当てにならない。しかしながらそのような世論が重大な役割を果たすこともある。その世論が非暴力の挑戦者たちへの支援へと結集し、時には敵方の体制に重大な政治的・経済的圧力をかけるに至ることもあるだろう。

こうして結局、敵方自身の支持者・公務員・軍隊さえもが非暴力の人々に加えられた残虐行為によって動揺させられ、自分たちの政府の抑圧の倫理性はもちろん、政府の政策の正当性にも疑問を抱き始めるだろう。彼らの当初の不安感は膨れ上がって不同意へと変化し、時には非協力と不服従すら招き、ことによるとストライキや反乱へと至るかもしれない。

こうして抑圧が非暴力の闘士の数を増大させ公然たる拒否を拡大させたなら、また敵方の支持者の間にかなりの抑圧反対が多くなっていくなら、敵方の反抗処理能力と政策継続能力は縮小する。抑圧は明らかに敵方に跳ね返っていくのである。これこそが「政治的柔術」の返し技である。

政治的柔術の重要な要素は、極めて多様な事例の中に現われている。一九〇五年一月〔二二日、「血の日曜日」〕、サンクト・ペテルブルクの〈冬の宮殿〉の近くで、何百人もの非暴力の請願者が大虐殺されて以後、これまで忠誠を尽くしてきた一般大衆は、公然と拒否する革命家へと変身し、帝政ロシア全土にわたって二年余におよぶ革命を開始したのである。一九一七年二月、ロシア軍による数百人の非暴力デモ行進者の殺害は、皇帝の兵士の広範な反乱と逃亡を招く主要因となり、圧倒的な非暴力二月革命から帝政体制を救うことができなかった。[33] 一九二三年ルール地方における徹底した抑圧はドイツへの国際的支援を巻き起こしただけでなく、フランス本国においてもルール占領政策への反対をひき起こした。一九二〇年代から三〇年代にかけてとりわけ、インドにおける非暴力の民族主義者に対する英国の残虐な抑圧は、英国本国における多くの抗議運動を引き起こし、インド独立への支援を増大させた。一九六〇年南アフリカのシャープビルでの大虐殺[34]は、巨大な国際的抗議・ボイコット・通商停止を引き起こした。[35] ゴ・ディン＝ジェム体制は、反体制的な非暴力仏教徒を残虐に抑圧してきた。ついに一九六三年、アメリカ合衆国は、数年間にわたって行ってきた同政府への援助を停止した。一九五〇年代から六〇年代にかけて、アメリカ合衆国モンゴメリー〔アラバマ州〕・アトランタ〔ジョージア州〕・バーミンガム〔アラバマ州〕・ミシシッピ州の多くの場所での公民権デモ隊への暴行・殺害・爆弾攻撃等々は、かえって抵抗者を増やしてしまい、抑圧と差別政策とを終わらせる広範なアメリカ人のおよび国際的な支援を得ることになった。一九八九年六月四日（およびそれ以降の数日間）、天安門広場および北京の他の場所、そして中国各地での、数百人の（数千人ではない）の虐殺[36]は、さらに共産主義体制の権威失墜を促し、同体制に対する深甚な抗議が中国および全世界に湧き起こった。この大虐殺の結果については十全な解明が待たれている。

変革の四つの仕組

非暴力行動の事例の多様性にも関わらず、非暴力行動中に働く、変革の四つの一般的な「仕組」を区別することが可能である。それらは、回心・妥協・非暴力的威圧・崩壊である。

回心

回心において敵方は、非暴力集団の行動の結果として、新しい考え方を採用し、非暴力集団の目的を受け入れる。そのような変革は、理性と論議とによってもたらされるだろう。もっともそのような知的な努力だけで回心を生みだせるというのは疑わしく、非暴力行動中における回心は敵方の感情・信念・態度・道徳の在り方も含まれるだろう。非暴力集団は意図的に敵方を回心させようとし、そうすることで結局は敵方が非暴力集団の目的を認めるだけではなく、さらにそうするのが正しいことだと感じて、その目的を認めたいと望ませるのである。

回心させようとする際に、非暴力の戦闘員の苦難の大きさが、敵方の感情に大きな影響を与えるだろうが、回心にはいささか正確な認識を妨げる壁があることで、かなり困難になることもあろう。そういった壁に「社会的距離」という現象があり、他の社会集団の人々を共感と尊敬とに値する同じ仲間と見なすことを妨げている。したがってその社会的距離を無くして回心させるには、これまでもよくあったことであるが、かなりの時間が必要となる。

実際にあった一つの事例、それは一九二四年から二五年の間、南インドのヴァイコム村で起こった。ガンディーの支持者たちは、「不可触民」[37]も正統バラモン寺院のそばを通る道路を使う権利を獲得しようとしていた。高いカーストの一群のヒンドゥー教徒改革者たちが、不可触民の友人たちと一緒に、初めは単にその道を下っていくだけにして、寺院の前で立ち止まった。正統ヒンドゥー教徒がこの抗議者たちを手ひどく攻撃し、マハラジャーの警察官がそのうちの何人かを逮捕した。逮捕された者は投獄一年間におよぶ判決を言い渡された。[38] 志願者が全インドからやって来た。そして絶えることのない日夜の祈願が、警察のバリケードの敷かれた道路で行われた。志願者たちは交替班を組んで、太陽の照りつける暑い夏の月〔三月末から五月〕から、さらに雨季〔六月から九月〕、警官がボートに乗って巡回しているのに、肩まで水に浸かって祈りの姿で立ち続けたのである。マハラジャー政府がついにバリケードを撤去した時、デモ参加者たちは、正統ヒンドゥー教徒が考えを変えるまでここを動かないと拒否した。こうしてついに一六か月の後にこの地のバラモンは言った。「我々は、我々に対してなされた祈願集会に、もはやこれ以上抵抗できない。我々はいつでも不可触民を受け入れる用意がある」と。この事件は全インドに広範な反響を引き起こした。

このヴァイコムの〈監視請願〉は、しかしながら非暴力行動の典型とは言い難い。さまざまな理由から、非暴力側の苦しみによって敵方を〈回心〉させようとする活動は効果的ではないだろう。非暴力の戦略家の中にも同様に、回心を、望めない、無益である、あるいは不可能であるとして拒否する者もいるようだ。したがって非暴力の戦略家は、妥協・非暴力の威圧・崩壊といった別の〈仕組〉による変革を求めることになる。多くの状況から判断するにその結果は、四つの全ての仕組の要素を結びつけた圧力によって決まるようである。どれか一つだけでは、十分に最高点に達しないのである。最も成功率の高い非暴力行動の用い方は、それら構成要素の、賢明で思慮深い組み合わせにあるようだ。例えば敵方の住民のかなり多くの者を回心させようとする努力は、妥協に役立つだろうし、敵方の兵士たちをうまく回心させようとする努力は、非暴力的な威圧に至るだろう。

妥協

妥協は回心と非暴力的威圧との中間の〈仕組〉である。敵方は回心もしていないし、非暴力的に威圧されたわけではない。つまり回心と威圧という二つの仕組の構成要素は、まだ敵方が非暴力集団への譲歩を認めるか否かの、敵方の決定の中に含まれているということである。成功した非暴力運動の中で、妥協は四つのうちで最も一般的な〈仕組〉である。ここでは敵方は、その争点についての彼らの考えを基本的に変えることなく、要求の全てを、あるいはそのいくつかを認めることになる。

回心とは対照的に、(非暴力的威圧と崩壊はもちろん)妥協という仕組は、敵方の指導者たちの心と感情とを変えるというよりはむしろ、非暴力行動により社会的・経済的・政治的状況を変えることによって成功をもたらす。全体像を変えてしまうほどに、基本的権力関係が変わってしまうのである。

妥協はしかしながら、敵方がまだ依然として譲歩を許すかどうか選択できる間に起きる。敵方は国内での意見の不一致と今ある仲間集団内の反対とをなだめるために、妥協に同意するかもしれない。経済的闘争においては、妥協は特にストライキと経済的ボイコットとによる損失を最小限に食い止めようとする努力の結果から起こるだろう。敵方はまた、非暴力運動が強大化するとの予測に立てば、進んでその要求に歩み寄ろうと決意するかもしれない。つまり闘争が長引けば人々は自分たちの途方もない力量を発見してしまい、その結果社会構造と社会の政治過程とに長期にわたる影響を残してしまう可能性があるから、今問題になっている特定の争点は、長引いた闘争から起こり得る結果に比べて、事は遙かに重大ではないのである。この場合、相手方は抵抗運動に屈服したと見られたくないので、〈面子を立てるという秘訣〉が妥協から生ずる合意では特に重要となる。

非暴力行動が行われている時、妥協という仕組は多くの問題に決着を付けようとする中で動き出す。その最も分かり易い事例は、労働者のストライキでの妥結である。そこでは(よくある事例だが)、争点の最終的妥結は、雇用者側と労働組合側の原案の中間のどこかに落ち着くものである。大きな国際的紛争においても、妥協は時に図られる。一九四七年〔八月一五日〕インドの英国からの独立は、その独特な非暴力運動の直接的な結果として起きたことではなくて、ある程度そこに至るまでの数十年間の闘争から引き出された、妥協という高度に重大な要素が含まれていた。この妥協は次のような認識の結果であった。すなわちインドの独立は正統的な政策であること、また英国軍がインドを引き続き英国の支配下に置くことは不可能ではないにしても極めて困難であること、さらに英国がインドから得られた経済的利益は、おおよそボイコット運動と行政・弾圧の高い維持費とによって消失してしまったことである。

多くの状況では、回心も妥協も成立しないだろう。かなりの反対者がまだ健在で、非暴力抵抗者たちのいかなる要求も許すまじ、としているからである。ここに第三番目の〈変革の仕組〉が挑戦者たちに開かれる。すなわち〈非暴力的威圧〉である。これによって敵方の意思に反して成功へと至ることができる。

威　圧

「威圧」はここでは、通常の場合よりも、もう少し正確な意味で理解される必要がある。威圧はここでは優勢な軍事力の威嚇あるいは発動を受けて屈服することを意味するのではない。そうではなくてここでの「威圧」は、敵方の意思に反して変革を強制し、あるいは阻止することである。敵方の威力ある行動力は失われてはいるものの、自分たちの地位を保持し、抵抗者の要求を受け入れるには十分な力量をまだ依然として残している。要するに、非暴力行動の一つの仕組としての「非暴力的威圧」は、敵方の体制の崩壊前で、敵方の意思に反して、目的が獲得される時に発生する。

非暴力行動が威圧的になるのは、非暴力の抵抗者たちが直接的・間接的に、権威・人的資源・

技術と知識・無形の要素・物的資源・制裁といった、敵方に必須な政治権力の源泉を大規模に留保するのに成功した時である。

非暴力的威圧は、敵方の意思が次の三つの方法のいずれかで阻止された時に発生する。第一に、公然たる拒否が非常に広範かつ大規模になり、抑圧的手段で抑えきれなくなる。現状の変革が大衆行動によってなされ、あるいは阻止されてしまうので、敵方の同意あるいは黙認も意味が無くなってしまう。第二に、敵方の体制が抵抗運動によって麻痺する。非協力は、抵抗者の要求が通り、非協力者たちが通常業務を再開しなければ、社会・経済・政治組織が継続的に機能しなくなるようにしてしまうのである。第三に、抑圧を加える敵方の能力さえもが徐々に弱体化していき、時には解体してしまう。これが起きるのは、敵方の兵士と警察官が反乱を起こし、敵方の官僚が支援の提供を拒否し、あるいは敵方の一般大衆が権威を認めず支持を停止した時である。そういった状況のいずれであれ、あるいはそういった状況の複合形態であれ、敵方が思い知らされることは、決意を固めた広範な非暴力行動に直面したら、たとえ自分たちの目的は依然変わらないにしても、政策も体制も守りきれないということである。敵方の努力のこういった挫折は、通常、非協力と公然たる拒否の程度に直接的に比例する。

敵方の意思が阻止されてしまうのは、敵方の抑圧発動能力の解体というよりも、ますます頻発する大規模な抵抗と体制の麻痺とに起因するものである。この形式はしかしながら、ある状況下では逆になるかもしれない。非暴力的威圧の中で、非暴力行動は社会状況と政治状況とを徹底的に変えてしまうので、敵方はもはや非暴力集団の意思に反するようなやり方で権力を振るうことができないのである。

見事に成功したいくつかの労働者のストライキでは、雇用者側はもはや一つも効果的な選択肢がなく、完全に降参して、事実上、労働組合（ここ数十年前まではこういった組織は交渉機関と看做されていた）の全ての要求を呑んだ。帝政ロシアのツァー・ニコライ二世は[39]一九〇五年一〇月一七日、完全に彼の信念に反してドゥーマ（議会）を認める立憲詔書〔十月詔書〕を下した。ニコライ二世はまだツァーではあったが、全く選択権はなかったようである。一九〇五年のロシア〈一〇月大ストライキ〉は、余りにも大きな効果と、余りにも大きな規模〔参加者百万人という〕だったので、暫くの間政府は完全に統治能力を失い、国家はいわゆる「ある不思議な麻痺」に取りつかれたのであった。一九四四年春、大規模な経済封鎖と政治的非協力とに直面したエルサルバドルのエルナンデス・マルティネス将軍とグラテマラのウビコ将軍の二人の大統領職からの辞任は、威圧の事例である。二人の辞任は、彼らの行政・警察・軍事組織が彼らの周りで崩壊する前であった。

崩壊

権力の源泉が敵対者に対してほぼ完全に留保された時、敵方は単に〈威圧〉されただけではない。敵方の政府組織は事実上解体されたのである。この非暴力的変革の仕組は、権力の源泉が敵方の政府組織を全くばらばらにしてしまう程に、極限にまで徹底的に取り去られてしまったことによって起こる。個人やほとんど力のない極小集団だけが残っている。威圧はそもそも掛けようがない。そこにはもはや威圧すべきいかなる実動部門も存在しないのである。一般大衆が、敵方の支配する権威も、指導・指針・監督権を発する権威すらも、圧倒的に拒絶している。実質的に誰一人として、もはや元の支配集団を助けようとしない。それ故かつては力を持っていた個人と集団は、もはや過去において機能させていた専門知識も経済資源も持っていない。さらに警察と軍隊は、かつての主人に対して反乱を企てるか、完全にばらばらに解体してしまい、組織的抑圧装置は一つとして残っていない。権力の源泉の停止という最も極端なやり方が、〈崩壊という仕組〉にほかならない。

帝政ロシアにおける一九一七年の二月革命における大規模な非協力の結果、皇帝ニコライ二世は退位し、ジョージ・カトコフが結論付けているように、帝国政府はまさに「解体し消滅してしまった」ので、ペトログラードの皇帝軍司令官は、一体誰に降伏したらよいのか分からなかった。一九二〇年のカップ一揆と一九六一年アルジェの将軍たちのクーデターにおいて、絶対に必要な支援が留保され停止された結果、この二つの簒奪の試みが完全に崩壊してしまったということは明らかである。

敵方の体制がそれに代わるべき正統的政府の無いままで崩壊した時、別の政府組織が台頭してくるだろう。時には（この章ですでに触れた）並行政府が出現する。もしすでにそのように並行政府が出現しているなら、あるいはクーデターや侵略以前におけるように、従前からの正統政府が何らかの形で生き残っているなら、その政府は敵方の崩壊時点において、その権威と影響力を拡大して、その権力を強固にすることができるだろう。抵抗者たちが警戒すべき時は、まさにこの秋である。人々を代表しない軍事あるいは政治集団が、民意に依拠した民主的体制を発展あるいは復活させるのではなくて、新しい独裁体制を確立するために、国家機構の支配権を奪取しようとするからである。

威圧と崩壊とに影響を与える要因

さまざまな要因が〈非暴力的威圧〉あるいは〈崩壊〉を生みだす。影響を受けた権力の源泉は、切断された程度が異なるにつれ、さまざまであろう。したがってその多様な変形形態は、大規模な公然たる拒否、経済的または政治的麻痺、あるいは反乱といった、非暴力的威圧や崩壊を生みだす行動様式の違いにある。以下に挙げる、いくつかのあるいは全ての要因が、その結果を決定するだろう。〔番号は訳者〕

1　非暴力抵抗者の数、そして全住民中に占めるその割合。
2　敵方の権力の源泉が、非暴力抵抗者に依存しているその程度。
3　非暴力抵抗者が、戦略・戦術・方法の選択を含めて、〔一九八の〕技法を用いる手腕、およびそれらを実行する彼らの能力。
4　非協力と公然たる拒否とを堅持し得る期間の長さ。
5　非暴力抵抗者たちに対する第三者からの同情と支援の程度。
6　同意を促し協力を強制的に回復させるために敵方が使える、そして現に使っている支配の手段、そしてそれら手段に対する非暴力抵抗者の反応。
7　敵方の臣民・行政官・職員が、彼ら〔自分たちの指導者〕を支持する、あるいは支持を拒否するその程度、そして彼ら臣民がその支持を留保して、非暴力抵抗者を支援し始めているかもしれないという行動の程度。
8　この非暴力闘争のこれ以降の展開に関する敵方の予測。

権力の源泉を取り去る

〈権力の源泉〉を取り去るのに用いられる特定の方法は、事例ごとに異なるだろう。多様な変形形態はまた、誰がそれを切断するのかで異なってくる。それは、非暴力集団・第三者・迷夢から目覚めた敵側集団の者たち、あるいはそれら諸要因の複合体であるかもしれない。こういった変型形態が発生することから、過去の紛争で用いられ、あるいは将来においても使われそうな戦略を注意深く分析することが不可欠となる。

権威

敵方への非暴力的挑戦は、敵方の権威がすでにかなりの程度弱体化していることをはっきりと示しており、その闘いは敵方の支持者をさらに多く離反させるのを助けるだろう。時にははっきりと忠誠を敵方からその競争相手の権威へと移転させたり、さらには対立している並行政府へと移転させることすらあるだろう。

簒奪者と侵略者の権威の否定は、抑圧者による新政府の樹立を阻止する最も重要な要素である。これは、第一章で述べた四つの事例の全てにはっきりと見られたが、カップ一揆への防衛闘争とアルジェにおけるフランスの将軍たちのクーデターへの防衛闘争に最も明白であった。簒奪者の正統性を認めまいとする粘り強い拒否が、攻撃を失敗に追い込むのである。

別の例として、一九四三年二月、ネーデルラントのオランダ改革派教会とローマ・カトリック教会は信徒にたいして、宗教的義務として市民的不服従を行い、ナチ占領当局への協力を拒否するようにと促した。オランダの両教会によるこの行動は、占領官吏の権威を失墜させ、非協力と不服従との正統性を高めた。

人的資源

広範な非暴力行動は同様に、その体制を維持し動かしている大規模な臣民が皆そろって恭順と協力とを留保する時、敵方の政治権力に必須な人的資源を減少させ、あるいは切断するだろう。経済的・政治的制度が機能しているのは、多くの個人・集団・その下位集団の貢献があるからである。ゼネラルストライキの原理はしたがって、経済的・政治的体制の双方に適用できる。外国による占領の事例では、二つの異なった住民集団が含まれる。占領下の人々と占領国内部の人々と、双方の人的資源の停止が最も強力であろうが、被占領国の人々だけの非協力でも、他の明白に有利な条件があれば、効果的になるだろう。

非協力的で不服従で、そして公然と拒否する不満集団の人々が甚だしく増加すれば、敵方に厳しい取締り問題を突き付ける。同様に、敵方の伝統的な支持者たちも時には、その支援を停止するかもしれない。それによって敵方の権力はさらに減少することになるだろう。

人的資源の停止はまた、他の必須な権力の源泉（技術・知識・物的資源）に影響するだろう。こうして紛争状態ともなれば、敵方の取締能力が低下しつつある丁度その時なのに、さらに大きな力量が必要となる。敵方の権力が弱体化している時に抵抗運動が強大化するなら、結局その体制は無力となっていくだろう。こういった事態が比較的小規模で発生した事例がある。一九三〇年から三一年の市民的不服従運動の間の一九三〇年四月、英領インドの北西辺境州[40]における英軍麾下の軍隊内で起こった。一九三〇年四月二三日、ペシャワールで少なくとも三〇人、恐らく一二五人の抵抗者が射殺された。この事件後、ペシャワールに派遣された英印歩兵連隊の二つの小隊〔兵二〇人＋尉官一人〕は、我々の任務には「非武装の兄弟たち」を射殺することは含まれていない、という理由で出動を拒否した。四月二四日の夜、英国はペシャワールから軍を撤退して、一時的にこの市を放棄した。ペシャワールはその直後、その地のインド国民会議の委員会が支配したが、五月四日、空軍の支援のもと、英国人主導の増援部隊がついにその市を奪回した。

人的資源の停止の他の事例として、フィリピンのコンピューター技師二九人は、抗議の退席を行って、選挙詐欺の犯行に加担することを拒否した。そしてフィリピン国軍の主要部隊は、弾圧の実行を拒否して軍の野営地を動かないという「ストライキ」を行って内戦を回避し、マルコス政府の命令にも従わなかった。

一九四〇年一二月、ナチ占領期のノルウェーで、ノルウェー最高裁判所の全員が抗議の辞職をした。帝国弁務官のヨーゼフ・テアボーフェンが、最高裁判所には彼のドイツ占領「法」が憲法違反であると宣布する権利は全くない、と宣言したことに抵抗したものである。一九四二年、ファシスト政府のノルウェー人「首相」のヴィドクン・クウィスリングは、独裁的に支配された強制加入の教員組織の設立を命令した。それは続いて作られる他の「組合」の模範、また同様に学校の子供たちにナチズムを教え込む組織の模範となるはずであった。ところが教師たちは、この新しい教員組織への協力を、全て拒否したのである。何百人もの教師が逮捕され強制収容所に送り込まれた。両親たちは政府のやり方に抗議し、逮捕を免れた教師たちは脅迫されても〔加入を〕拒否した。八か月後、教師たちは釈放された。クウィスリングが望んだ「組合国家」[41]はノルウェーでは決して出現しなかった。ファシスト教員組織は死産した。そして学校はファシスト宣伝のためには決して使われなかった。

技術と知識

ある個人あるいは集団は、特に高度な、特殊な技術あるいは知識を持っている。彼らには、行政官・公務員・技術者・顧問が含まれる。こういった人たちの支援が無くなると、支配者の権力は、〈不釣り合いに〉弱体化〔下記カップの例は行政部門から崩壊〕する。それゆえ公然たる拒否に加えて、支援の減少もまた重要となる。

一九二〇年カップ一揆の間、カップ博士は、専門家による政府[42]が必要であると宣布したが、その資格のある人たちは、ほとんど皆一斉に、彼の「内閣」に任命されるのを拒否した。才能も力量もある補佐官たちに拒否されてカップは、彼らの専門的知識なしの状態に置かれた。国防省[43]の首脳部も命令に従うのを拒否した。帝国中央銀行の責任者は、権限を認められた者の署名（次官の全てが署名を拒み、カップ自身の署名は無価値と見なされた）が無いという理由で、一千万マルクを引き下ろせ、というカップの要求を拒否した。著名な政治家は誰一人としてカップを支持しなかった。ベルリンの保安警察も当初の支持を覆し、カップの辞任を要求した。しかも他の多くの公務員も協力を拒否したのである。カップは、彼の初の新政権発足の声明文をタイプさせる一人の秘書も一台のタイプライター（その全てはカギを掛けた物置き部屋にしまい込まれていた）も見つけることができず、結局その声明文は翌日の新聞に出せなかった。この行政上の非協力は、大規模なゼネラルストライキとも相俟って、カップ一味はついに敗北を認めざるを得ず、ベルリンから撤退したのである。

無形の要素

権威への恭順と忠誠という習慣は、広範な非暴力行動によっても危機に瀕する。

一九五三年六月一六日から一七日の東ドイツ蜂起は、労働者たちが公然と街頭で抗議して、〈自称労働者の国家〉を非難するという、共産主義者およびその支持者にとっては誠に衝撃的な光景を生みだした。習慣的になってしまった支持と恭順との定型を打ち破ったこの事件は、果たして国家に従うべきか否かというさらなる疑問を、他の多くの人々に抱かせることになった。

共産主義イデオロギーと恐らく崇高なその目標への確たる信念の漸次的侵食は、東ドイツ・チェコスロヴァキア・ハンガリー・ポーランドにおける、軍隊と政府とによる抑圧の衝撃によって乗法的に加速された。そのような弾圧によって、それらの国々の多くの共産党員やその支持者たちが、そのイデオロギーへの献身を弛緩させただけではなく、例えばイタリアのような外国の共産党による大規模な不満と多くの国々での共産党員の脱党とを引起こすに至ったのである。[44]

それとは別の状況では、一九五六年のハンガリーにおけるように、数年間存在してきた体制への大規模な服従は、国民の厖大な割合に及ぶ人々が実際にはこの体制を憎んでいることを、何百万もの人々が知った時、粉々に打ち砕かれてしまった。最初の小さな公然たる拒否行動がその認識を誘発させるに至り、ハンガリー革命の最初の大きな非暴力の局面を出現させたのである。[45]一九八九年、東ドイツとチェコスロヴァキアでは、イデオロギー的侵食は大変巨大なものに成長し、人々の共産主義への服従は事実上消滅していたので、共産主義体制はそれぞれの国で、根源的な政治的変革を受け入れざるを得なくなった。チェコスロヴァキアでは、共産党は無理やり大統領職を移譲させせられた。

非暴力運動の流れの中でしばしば、多くの言論活動家は、社会に受け入れられている倫理的・宗教的・政治的規範を擁護して、率先して抑圧的体制を非難し、あるいはそれへの非難に加勢し、かつ人々がその体制に抵抗し、変革し、あるいは崩壊させるように促している。

物的資源

非暴力行動は、敵方への物的資源の供給を削減あるいは切断する。確認されている一九八の非暴力行動のうち六一の方法は[46]、経済ボイコットあるいは労働者のストライキ、あるいは両者の複合体を含んでおり、国内的にも国際的にも用いられている。これらの方法は、物的資源の入手可能性・輸送機関・原料・通信手段・極端な場合には経済制度の機能力さえも、混乱させ、減少させ、あるいは破壊するように工夫されている。

争点が圧倒的にあるいは明言されて政治的である大規模な非暴力闘争でも、これまでしばしば経済的な形態の非協力が用いられてきた。それらの事例には、一七六五年から一七七五年の英国の支配に対するアメリカ人〈植民地開拓者〉の非協力運動と、一九二〇年代から一九三〇年代の英国に対するインド人の非協力運動とが含まれる。両者ともに英国の経済と政府に途方もない経済的衝撃を与え、〈植民地住民〉の支援のもと、英国内に強力な圧力をかけることになった。

ここ数十年間、国際的な経済制裁の有効性について、多くの論議がなされてきたが、制裁がなされた多くの特定的な事例はしばしば熟慮を欠き、しかも事実上何の事前の準備もなされていなかったことは明らかである。とはいえ一九七三年のアラブ石油貿易禁止[47]が示すように（この特殊な事例において、多くの国々が中東に対する外交政策を改めた）、国際的経済制裁は政府の政策変更を引き起こすのに大変効果的なものになってきた。

一国の中で政治的および経済的目的をもつ労働者のストライキは、時には広範に広がり、政治的にも重大な意味を持つ。経済を麻痺させるストライキを発生させるような性格と政策とを持つ政府は、そんなに人気があるわけでもなく、ストライキにも長く耐えられそうもない。全てのストライキが成功するわけではないが、時には強力な手段となり得る。一九二〇年三月、カップ一揆への抵抗は、いわゆる「世界でこれまで見たこともない程の最大規模のストライキ」を含んでいた。このストライキは、カップが首都攻撃の兵を配置させたという事実にもかかわらず、断行されたのである。他の状況におけるストライキの役割については、すでに述べた。

ナチスはゼネラルストライキの形を取る大衆の非協力運動を最も危険な武器と看做していた。ナチスが国家の支配を強固にしようとしている時期には、特にそうであった。一九三三年二月二七日〔夜〕の帝国議事堂（国会議事堂）放火のあと（恐らく反対者への抑圧を容易にするための、そして完全な国家支配権を獲得し易くするための扇動としてナチス自身によってなされた）、ナチスは三月一日、布告を発した。それは「国家に対する武装闘争の扇動」および「ゼネラルストライキの扇動」の双方を罰すると定めていた。ジャック・ドラリュは彼の研究書『ゲシュタポ』〔一九六四年〕の中で、この時「ナチスが最も恐れたことはゼネラルストライキであった」と書いている。

ストライキは、ゼネラルストライキなら一層、日常的にどんな問題であっても、特に防衛の危機が迫っている時ならなおさら、使ってよい手段ではない。ストライキとゼネラルストライキの意図された衝撃力、それらを実行する人々の決意のほど、そしてその経済闘争の間、社会がそれ自体を維持していくためのさまざまな手段、そういった全ての事柄が注意深く考慮されなければならない。

ストライキと経済的ボイコットは共に、現存する支配者あるいは自称支配者の、もう一つの主要な権力の源泉である経済的資源を弱体化させ、それを彼らから奪い取ってしまうという、非暴力闘争の力量を示すものである。輸送機関・通信手段等々の経済的統制力が抵抗する人々の手にあれば、いかなる政府といえども弱い立場に置かれる。このことは、成り上がり者の独裁者あるいは外国の侵略者が、社会の政治的支配権を確立しようとする初期の段階においては、とりわけ該当することである。彼らの主要目標の一つが社会の経済的搾取にあるならば、彼らは二重の難問を抱えることになる。

制裁

制裁を担う敵方の能力さえも、時にはよくない方へと非暴力的行動の影響を受けるだろう。軍隊あるいは警察官の兵器の補給は、外国による売却の拒否で、あるいは兵器・軍需品工場と輸送系統とのストライキで脅かされるかもしれない。ある場合には軍隊への志願者数が減少し、見込んだ徴兵予定者が、その義務を拒否するに伴って、抑圧の機関である警察と軍隊の員数が縮小されるかもしれない。警官と軍隊が命令を効果的に実行しなかったり、あるいは命令を完全に拒否する（つまり反乱する）かもしれず、状況によっては敵方の非暴力的威圧となったり、あるいは味方の政府組織の崩壊へと至るかもしれない。

一九〇五年と一九一七年二月、圧倒的な非暴力的なロシア革命を鎮圧する際に、軍隊の反乱と軍隊への不信感とが、ツァー体制の弱体化とその最終的崩壊との主要因となった。ナチスは、もし軍への支配権を失えば、彼らの権力が劇的に弱体化することをよく理解していた。ゲッベルスは明らかにしている。一九三八年二月早々、ナチスが最も恐れていたのは、クーデターではなくて、軍の高位の将校たち全てが集団的に辞任することだったと。

一九五三年の東ドイツの蜂起の間、警察官は時には撤退したり、進んで武器を捨てたりした。東ドイツ兵の中には反乱を起こす者もいた。ソヴィエト兵士の中にさえかなりの同情者がいて、報告書に明記されているように、一千人のソヴィエト将兵がデモ隊への発砲を拒否し、共産党員および兵士が五二人、蜂起崩壊のあと不服従の廉で銃殺された。一九六八年ソヴィエトは、チェコスロヴァキアに最初に送り込んだ侵略軍をたった数日間で全て交代させなければならなったという報告書の記載も、非暴力行動の力量が、敵方の軍隊の信頼性を失わせ、さらに敵方の制裁力そのものをも弱体化させたことを示している。この潜在的力量は、もし改良され強化されたなら、簒奪と侵略とに対する将来起こり得る闘争において、大いに重要なものとなるだろう。

失敗あるいは成功?

どのような形態の闘争あるいは行動であれ、短期間で実行する毎に全て成功すると保障されているわけではない。このことが特に当てはまるのは、行動手段をどのように用いるか、用いるに当たって状況はどのようであるのか、また効果を上げるための必要条件がどれほど満たされているのか、といった事柄が全く考慮されていない場合である。

過去にあった事前の準備なき非暴力闘争は、彼らが明言した目標の達成にどの程度成功したのか、あるいは失敗したのか、その程度の違いによって極めて多様である。非暴力闘争はまた、一見失敗に見える闘いでも、後日その目標を獲得するのにどれほど役に立っているか、その程度の違いによっても、変わってくる。歴史の記録はしかしながら、一般的に認識されているよりも遙かに多い、完全なあるいは部分的な成功例を含んでいる。そういった成功例の中には、非暴力闘争が唯一の、あるいは圧倒的な技法であった、大小さまざまな運動を数えることができる。

そういった成功例には以下のものがある。独立戦争の前に事実上の独立を果たした、ほとんどのアメリカ人植民地、一九一七年二月の帝政ロシアのツァー体制の崩壊、一九二〇年カップ一揆の打倒とワイマル共和国の保全、一九四三年ベルリンにおいて一五〇〇人のユダヤ人男性を救ったその婦人たちの抵抗、一九四二年ノルウェーの教師と全住民とによる学校のファシスト支配の拒否、一九四四年エルサルバドルとグラテマラの独裁者の追放、一九七八年ボリビアの軍事クーデターの敗北、一九六一年アルジェの将軍たちのクーデターの敗北[48]、一九六四年と一九八五年のスーダンにおける軍事独裁者の追放、一九七三年タイにおける軍事体制の追放と立憲民主主義への回帰、一九八六年フィリピンにおける不正選挙の打破とマルコス大統領の追放、一九八九年ポーランドにおける連帯の再合法化・公正な自由選挙の復活・連帯大臣の選抜、そして一九八九年末、東ドイツ・ブルガリア・チェコスロヴァキアにおける突然の民主化。支配者に対する〈人々による支配〉の進展に重大な意味を持つ、そのほか多くの事例を挙げることができる。

非暴力闘争はまた、それが唯一の要因ではないものの、国内的・国際的状況において、前記以外の一連の重大な変革の中で、大変大きな役割を果たしてきた。これには以下のものがある。すなわち一七・一八世紀、英国とマサチュセッツにおける信教自由の拡大[49]、内戦以前の合衆国における反奴隷制度の闘い、労働組合の認可と賃金・労働条件の改善、世紀の交代期前後の特にスウェーデンとベルギーにおける男子普通選挙権の獲得、合衆国と英国における女性投票権の獲得、第二次大戦中、特にブルガリア・デンマーク・ノルウェー・ベルギー・フランスでの多数のユダヤ人の生命をホロコーストから救出、合衆国における合法化されていた人種差別の撤廃、インド〔一九四七年〕・パキスタン〔一九四七年〕・ガーナ〔一九五七年〕の独立の獲得、一九七〇年代ソヴィエトのユダヤ人の他国への移住権利の獲得、一九七〇年代から八〇年代ブラジルにおける「民政移管」政府を求める運動、一九七〇年代から一九八〇年代、南アフリカにおけるストライキ・アフリカ労働組合組織・経済ボイコットなどを通じてのアフリカ経済力の成長。

「成功」という言葉は、ここでは争っている一当事者の実質的目標が達成されたことを指すものとして用いられている。成功は、敵方に死傷者と破壊とをもたらす能力とは全く別のものである。「失敗」はしたがって、その実質的目標が達成されなかったことを指す。他の形態の紛争におけるのと同じように、部分的成功と部分的失敗もまた当然ながら発生する。

目標達成に成功したか、あるいは失敗したかを測定するほかに、さらに次の二つの要因をも検討しておかなければならない。（1）相抗争している集団の絶対的・相対的権力の増減、および（2）それぞれの集団とその目標とに対する、広範な影響と共感との変化である。これらの要因は、未解決の問題を将来において解決するのに貢献するだろうし、また同様に過去における非暴力闘争の元来の目標を成就させるかもしれないし、あるいは成就させないかもしれないが。

非暴力行動の失敗は、その技法を用いる集団の内部の弱さによって引き起こされるだろう。またその集団が効果を発揮するために重要な必要条件を充足していないことによって、またその集団がその技法の働きを弱体化させるような方法で行動したことによって、またその集団が抑圧に直面して暴力を容認したり暴力に走ったりすることによって、あるいは効果的な戦略と戦術との開発と適用とを怠ったことによって、引き起こされるだろう。これらの要因は、軍事行動においても敗北の一因となること、もっとも非暴力闘争の場合には敵方の圧倒的な軍事能力はそれほど力あるものである必要はなさそうであるから例外としても、同断である。

もし非暴力行動を用いる集団が、内部の十分な強さ・決意・能力・非暴力行動の有効性を高めるそれに関連する諸々の高い質、そういったものを持っていなければ、まさに「非暴力」などという語句をいくら唱えても、その集団を救いはしないだろう。非暴力行動を行うのに、真の強さと卓越した手腕とに代わるものはない。もし非暴力集団が、敵方と渡り合う充分な〈量〉の中に、そういった高い〈質〉を備えていないと、その集団はとても勝てそうもない。

他方、もし非暴力の闘士たちが、決意を固め、選び取った戦術と戦略を上手に用い、みずからの大義を推し進めるべく巧みに行動し、技法活用の必要条件を満たし、かつ抑圧にも屈せずに初志貫徹することができれば、その時まさに勝利は可能となる。そのような成功は、暴力行為による勝利よりも遙かに重要な強みをもつことになだろう。その強みには、より完全なより永続的な諸目標の達成・遙かに公平な権力関係・かつて闘った集団との間のより深い理解と時には一層の敬意・将来に出現しうる攻撃者あるいは抑圧者から資産を守りきる増強された能力が含まれる。

第一章で示した四つの主要事例のうち、カップ一揆とアルジェのクーデターに対する抵抗は、ともに完璧な勝利であった。国家機構の支配権を奪い取って新しい政府と政策を強要しようとする試みは、両者ともに打ち破られた。彼ら犯行者たちの奮闘も、非暴力の抵抗に遭遇して、あっけなく崩壊してしまった。

フランス・ベルギー軍の侵略と占領とを迎え撃ったルール闘争は、複雑な結果を生み出したが、それは暫く経ってからであった。終結は、非暴力抵抗に応えてすぐに訪れたのではなくて、非暴力抵抗が弱体化し、ドイツ政府によってそれが中止されてからであった[50]。他方侵略軍は、結局は撤退してラインラントはドイツから割譲されなかった。英国と合衆国の国際的仲裁のおかげで、ドイツの賠償金支払は続いたものの、ドイツの支払能力にずっと近い額にまで大幅に減額された。侵略を押し進めたポワンカレ政府も目標獲得に失敗したことを認めた。多くのフランス人が大戦で敵として戦った直後だというのに、ドイツ人に同情してしまったのも、そのような野蛮な抑圧に責任があった。ポワンカレ政府は、次の国民選挙で敗北〔一九二四年五月一一日、下院総選挙〕してしまった。

チェコスロヴァキアの場合は、結局は敗北であった。一九六九年四月、ドプチェク改革志向集団は、共産党と政府の指導権を奪われ、もっとソ連の言いなりになるフサークの指導体制に代えられた。すでに述べたように、モスクワ会談での譲歩があったものの、指導部の更迭に、当初ソヴィエト側は、報告されているようにたかだか二、三日と見ていたのに、何と八か月もかかってしまった。重要なことは、五〇万人の兵力を背景にしたソヴィエト側が、直接的な軍事行動から、チェコスロヴァキア共産党のソヴィエト側に共鳴する分派と交渉しつつ、一つ一つ小さな問題から片づけていくという、遙かに時間のかかる政治工作へと、移行せざるを得なかったことである。結局は、人々の抵抗の意志あるいは力量の喪失というよりはむしろ、ソヴィエトの最後通牒（反ロシア暴動の後、四月に出された。抵抗はその時まで続けられていた）に迫られて抵抗首脳部の崩壊したことが、敗北の極めて大きな要因であった。双方にとって経済的・政治的損失は極めて高くついたとはいえ、重要なことは、もしこれがチェコスロヴァキア人による軍事的抵抗であったなら必然的に生じていたであろう死者と破壊との大きな損失を、双方共に免れたことである。チェコ人とスロヴァキア人の間に広がった落胆と幻滅とは、支払わなければならない代価の一部でもあった。しかしながら人々はその名誉を持って生き抜き、後日再び、より大きな人権と民主的自由とに向かって、そのまま前進することができた。事実、一九八九年末に至ってチェコ人とスロヴァキア人は、共産党一党支配を大規模な抗議と公然たる拒否とで崩壊させたのである。反体制活動家として投獄されたこともあるヴァーツラフ・ハヴェルが大統領に任命され、追放されていたアレクサンデル・ドプチェクは連邦議会の議長に選ばれた。

時に非暴力行動の結果が、妥協的な性格を帯びた「引き分け」あるいは暫定的和解に至ることがある。一九三〇年から三一年、インドにおける独立運動の最終段階、正式な交渉がインド国民会議派代表のモーハンダース・ガンディーと英国政府の代表、総督アーウィン卿との間に行われた。結果は「ガンディー・アーウィン協定」[51]として知られている。この協定は英国とインド双方に有利に見える規定を含んでいたが、明らかにインド側の勝利を示すものではなかった。

そのほか完全とはいえないものの、十分な勝利が得られた事例もあるだろう。この場合、闘争は交渉と正式な協定で終わることになる。いくつかの事例では、敵方は正式な協定なしで、単に非暴力抵抗者が望んでいる改革を受け入れ、あるいは実行するかもしれない。その時、敵方は、この政策の変更が抵抗運動と何らかの関係があることを否定するだろう。極端な場合では、すでに述べたように、権力の源泉の停止の結果として、敵方の体制は完全に倒壊するか、あるいは解体するだろう。

長期的に見れば、非暴力闘争の最も重要な結果は、当該争点の解決にその影響を与えるだろうということであり、また各集団の相互の態度に、また相互に争っている集団間およびその集団内部の権力配置にも、影響を与えるだろう。もっと極端な状況では、好ましい結果は、まさに敵方の政策や政府組織の性格そのものの劇的な変化に、あるいはその完全な敗北あるいは解体によって測られるだろう。後者の敗北・解体の事例は、極端な抑圧体制と独裁制の場合に、および国内での簒奪の試みと外国の侵略の場合に、よく該当しよう。

闘争集団内部の変化

非暴力行動への参加は、参加した人たちにさまざまな重大な影響を与えるだろう。別の闘争形態の集団に加わった場合についても言えることであろうが、非暴力行動を用いる集団は、それよりも遥かに団結し、内部の協力関係も改善され、そして連帯の感情も強化される傾向がある。

非暴力行動への参加は、非暴力集団内での重大な心理面および態度面での変革が要求され、かつ生み出される。それらには、誇り・自尊心・自信が高められること、そして恐怖と服従心が減殺されることを含む。非暴力行動には、そういった結果を生み出すような独特な性質があるようだ。人々が非暴力の技法を学び経験するに従って、人々は自分たち自身の力量に対するより大きな自覚が、そして事態の流れに影響を与える自分たちの能力へのますますの自信が得られるのである。もし非暴力闘争が適切に効果的に行われるなら、参加者たちは、戦略と戦術の組織化と実践化にいっそう巧みになり、闘争の流れの中で非暴力という規律をいっそう堅持できるようになり、さらに闘争の困難な時期をいっそう容易に乗り切れるようになるだろう。抵抗する社会の内部の強さも〈遍在する権力核〉の不屈さも、同じように強化されるだろう。

非暴力の抵抗者の、不満を抱く集団の、そして社会全体の中で起こるそういった変革は、敵方と闘争の流れとに重大な影響を与えるだろう。それはまさに一種の変革であって、国内であろうと外国からのものであろうといかなる種類の独裁制に対しても、損失を与えることになるだろう。

独裁制にも抵抗して

アリストテレスは指摘している。すなわち、僭主独裁者は「被治者たちが、お互いに対して、終始、不信の念をもつようにすること、……被治者たちが国事を扱う能力をもたないようにすること、……被治者が卑少なことしか考えないようにすることを望んでいる」と。この事態は、数々の事例で示してきたように、非暴力闘争への参加によって得られる状況とは正反対のものである。僭主独裁者が臣民のそれらの能力を否定したり、一見恵み深い支配者として称賛を得ようとして策略を弄しても、「寡頭制と僭主独裁制は全ての国家体制のなかで最も短命なものである」と、アリストテレスは結論付けている。[52] 何世紀もの間に、そして特にここ数十年間において、もしこの洞察にもっと注意が向けられていたら、今や、独裁制[53]の統治期間が比較的短いのはなぜか、遙かに深い理解が得られていたであろう。また、もしそういった理解があれば、人々はもっと独裁制の弱点をさらに悪化させる方法を探求できたであろう。そしてもしその探求がなされていたら、人類は今や、独裁制と抑圧とを阻止し破砕し、人間の自由と正義とを獲得し保持する力量を発展させる道に沿って、大いに前進していたであろう。

独裁制はその指導者たちが我々に信じ込ませているほどには全能ではない。それどころか独裁制は固有な弱点、すなわち独裁制を効率の悪いものにしてしまうような、その支配力を徹底的に減少させてしまうような、そしてその永続性を制限してしまうような、固有の弱点を持っている。少なくとも一七個のそのような弱点が確認されている。その中〔番号は訳者〕には、（1）体制稼働の慣例化、（2）イデオロギーの融解、（3）支配者が下部から得られる不適切あるいは不正確な情報、（4）体制稼動の全局面における非効率性、（5）主導権を巡る内紛、（6）知識人・学生たちの不安感、（7）庶民の無関心あるいは猜疑心、（8）地域・階級・文化・民族の違いの尖鋭化、（9）支配集団内の政治警察あるいは軍隊間の抗争、（10）意思決定の過度の中央集権化、（11）一般大衆からの高い程度の信頼できる協力と恭順との確保という全ての政府が直面する問題、等が含まれる。[54]

このようなまたこれ以外の弱点は、ピンポイントの正確さで指摘可能であって、抵抗はそういった「一枚岩の亀裂」に狙いをつければよい。非暴力闘争はそのような任務に暴力行為よりも遙かに適している。

歴史の記録が示すように、非暴力闘争は、独裁制にも、極めて極端な独裁制にも、抗議・抵抗・蜂起・混乱・革命という形態で用いられてきた。それらの事例は、ラテンアメリカで、アジアで、ナチ占領下の国々で、共産主義者支配下の東欧で、ソヴィエト連邦で、中国で、起きている。

このような事例中での非暴力闘争の条件は困難であるが、その困難さは単に抑圧的な政治的環境というだけの理由ではない。非暴力の技法に関する知識の限定性・準備の欠如・ほぼ完全な訓練の不在、こういった状況がこの困難さをさらに大きくしているのである。それだけではない、非暴力行動は通常、混乱を極める状況の真っただ中で、しかも予想すらしていなかった危機に、あるいは広く知られているテロ行為に、直面して行使されるのである。

上に挙げたような事例が過去にあったという事実は、将来においてもまた、非暴力闘争が用いられるだろうということを示唆している。たとえ自称専制者が登場したとしても、彼が支配しようとする社会への依存性から免れることなど、決してできるものではない。

将来における非暴力闘争では、それへの参加者が非暴力の技法を遙かに力量あるものになし得る必要条件と戦略的原理とを事前に知っているその程度に応じて、遙かに大きな成功を収められそうである。一層進んだ理解と周到な準備があって断行される非暴力闘争は、過去における事前の準備のない事例に比べて、その困難度は大いに減少するだろう。しかしながら、将来そういった非暴力闘争を行う際のかつ強国に確立している独裁制を崩壊させるために人々が用いることのできる戦略を展開する際の、多くの問題点は、緊急にして細心の注意力を要求する。一九八九年六月〔四日〕、中国における数百人の抵抗者の大虐殺は、大規模な人々の拒否に遭ってさえも、あらゆる独裁制は簡単には崩壊しないことを示す一つの教訓である。

非暴力闘争の方法に関する知識を獲得し広めること、抵抗運動の諸問題を解明すること、賢明な戦略を展開すること、準備と訓練のプログラムを実行に移すこと、こういった事柄はそれゆえ、国内外からの攻撃を抑止し防禦でき、かつ新しいいかなる独裁制の樹立をも阻止できる、〈軍事力に頼らない防衛政策〉を展開する任務の中心的な構成要素である。

第四章　市民力による防衛

新しい防衛政策を発展させる

非協力と公然たる拒否という市民の闘いは、投票権の請願から独裁者の打倒に至るまで、さまざまな目的のために行われてきた。第一章で示したようにそのような闘いは、ドイツ・フランス・チェコスロヴァキア政府による、国内と外国からの攻撃者に対する正式な国家防衛政策として、同じように事前の準備なく実行されてきた。

この章では、市民の抵抗による防衛を、これから先数十年間の現実的な選択肢となし得るかどうか、そしてもしなし得るとするなら一体どのような方法を採ったらよいのか、という点に焦点を当てる。安全保障上の脅威は、長い間にわたって我々の身近にあり続けそうであるし、軍事的防衛という選択肢は、自由・自己決定権・選び取られた社会体制を守ろうとする人々に、相も変わらず重大な限界と甚大な損害とを与え続けそうである。まさにこの故に、市民力による防衛は注意深く厳密に解明する価値があるのである。

一体どのように非暴力行動という全く異質の方法をさらに洗練された手段へと統合して行ったらよいのか、一体どのようにその異質の方法を具体的に抑止と国防という目的に用いたらよいのか、そして一体どのようにして新しい知識・洞察・戦略・準備を取り入れて、その方法の適用を豊かなものにして行ったらよいのか、これが我々のこれから考察しようとしている事柄である。研究の積み重ね・政策研究・戦略分析・緊急事態対策・訓練といった利点があれば、多様な戦略的選択肢を備え、洗練され、一貫した政策を検討し発展させることが可能になるだろう。それら研究の漸次蓄積された成果があれば、市民力による防衛の威力は、一段とその有効性を増すものとなるのであって、過去の事例中で示された、最も強力な事前の準備なき非暴力闘争で示された力量と比べて、（控えめに見積もっても）少なくとも十倍もの大きな実動力量を生みだすことは、極めて困難というわけではないだろう。

この章では、注意深く改良された〈軍事力に頼らない防衛政策〉の概略を述べる。準備を整え、随時に出動可能なそのような防衛政策があれば、その国の住民は、国内の権力簒奪あるいは外国からの侵略に対しても、即座に抵抗に移れるだろう。準備万端整えることこそ、この政策の抑止能力と防衛能力とを築き上げるのに極めて重要なのである。

国土への侵略あるいは集団殺害

攻撃者の目標に注目することは、市民力による防衛を計画する際の決定的な要素である。攻撃者が領土の拡大あるいは集団殺害といった明白で極端な目的を持っている時、市民力による防衛政策は無邪気かつ無益だとして、多くの場合、人々はこれを退けてしまうだろう。しかしながらそのような極端な目的の場合、もう一つの選択肢である軍事的防衛の厳密な検討は、その有効性を疑わせる、重大な根拠を明示するだろう。実際のところ、防衛戦争あるいは暴力的抵抗は、大量殺人を容易にし、しかも攻撃犯行者に有利な「戦時下の不可避性だ」とか、自分たちの攻撃も「テロリスト」への自衛手段だとか言いぬける「正当化」の口実を与えるだろう。のみならず攻撃者は、自分たちの攻撃と大量殺人とが、自分たちの攻撃した相手国からの意図的な絶滅作戦からみずからを救うための、遺憾ながら必要欠くべからざる単なる「先制的」手段にすぎないとさえ主張するだろう。

戦時状況は、広大な領域の人口の大激減を狙った、毒性ガス・毒性化学剤・生物学的作用物質あるいは中性子原子爆弾のような兵器が使われる可能性が極めて高くなるという状況を生みだすように思われる。そういった兵器は、同様に非暴力抵抗者たちに対しても使うことができようが、その使用にはそれを妨げる多くの障害があるように思われ、この種の事例は全く知られていない。[1]

計画的な集団殺害と領土拡大の場合、攻撃対象の人々とその社会に長い間従属していたとしても、攻撃者たちは明らかに意に介することもなく、攻撃対象の住民たちの防衛活動における重要な勢力を排除するだろう。しかし歴史的な証拠が示すように、少なくともある段階に至ったら領土それ自体を強奪し、あるいは集団殺害を実行しようというのが攻撃者たちの意図であるなら、占領している住民たちの服従あるいは協力すら必要になってくる。

　現実的な理由による政策変更の事例として、一九四〇年から一九四四年までの（戦時下においてさえも）、ドイツによるソヴィエト連邦占領地区での政策変更は、この点で注目に値する。ナチスは東欧およびソヴィエト連邦のスラヴ系住民を「人間以下」と見なし、彼らを追い出すかあるいは根絶して、ドイツ人植民のための無人の領域、ゲルマン民族のための「生存圏（レーベンスラウム）」を作り出そうとしていた。したがって長い間ドイツ人指導者たちは劣等人種（人間以下）の協力など求めもしなかった。しかしながらそういったナチのイデオロギー的立場にもかかわらず、ドイツ人指導者と将校の中には渋々ながら、「東部〔占〕領地」での支配を維持するためには、根絶を図ろうとしているまさにその住民たちの協力が必要だと認める者がいた。このような事例が多数あったことを、アレクサンダー・ダリンは、彼のドイツ占領研究の中で指摘している。例えばダリンは報告している。ベラルーシ総督（ゲネラール・コミサール）ヴィルヘルム・クーベは、一九四二年、渋々ながら「ドイツ軍は、住民の協力を求めなければ、効果的な支配を行うことができない」と認めていた。ダリンはまた、駐ソヴィエト連邦のドイツ軍司令官の、一九四二年一二月の報告書を引用している。すなわち「状況の厳しさは明らかに、住民の積極的協力を絶対に必要としている。ロシアを打ち倒せるのはロシア人だけだ」と。ハルテネック将軍は一九四三年五月にこう書いている。「我々は、そこに住んでいるロシア人・ウクライナ人もろとも征服したこの広大なロシアを支配することはできるが、決して彼らの意志に反しないことだ」と。

集団殺害攻撃に反対する準備万端整えた非協力運動なら、集団殺害が実行される前の合間に、住民をどのように扱うのかという問題への関心を高め、これによってその進行を遅延させることができるだろう。無人の国土を求めている攻撃者に対して、そのように準備を整えた抵抗運動は、当該領土の効果的な支配を妨げることができるはずである。同じように、さまざまな形態の非暴力行動は、大量殺人を命じられた者たちの精神状態にも影響を与えることができるはずである。また大量虐殺の意図があり、しかも実行され始めたという情報が広がれば、そのような行動を中止させるべく、攻撃者本国の住民・他国政府・国際的な諸団体の支援を求める時である。ただし不幸なことにより新しい殺人技法によってそれが一旦始められると、攻撃者は集団殺害の進行を早めることができることであろう。

それにもかかわらず、そのような残虐行為を防ぎ打ち負かす方策の継続的な改善と研究とが続けられなければならない。希望なき運命論的判断に陥ってはならない。研究と分析は、前記のような状況下での非暴力闘争に関わる特有な問題に対しても、注意が払われなければならない。ここではそういった検討を行うことはできない。しかしながら、ホロコーストに反対する、さまざまな方法の非暴力的抵抗が、ドイツで、ナチの同盟国で、あるいはナチに占領された国々で、かなりの成功を収めたという事実は銘記されるべきである。じつは一体どうすれば集団殺害とその他の大量殺人とを防ぎ打ち負かせるかについては、まだまだ沢山のことを学ばなければならないのである。

領土の拡大とか集団殺害などといった目標は、防禦が要求される攻撃の中でも、明らかに少数派集団の中でのみ出されているものだと認識することが大切である。国内での簒奪と外国からの軍事的攻撃のほとんどの事例は、それとは異なった目標を持っている。したがって市民力による防衛の場合は、そういった極端な事例に関する、個人的な判断根拠に運命を託するものではない。そのような極端な事態に対処するために最終的にどのような手段が選ばれようとも、国内の簒奪と外国の侵略・占領とを防ぐべく、効果的な市民力による防衛を展開することができるのである。本章の以下で述べられるのは、そういった〈もっと普通の状況〉についてである。

攻撃者による目標と成功との予測

国内の簒奪と外国の侵略とは、ある目標の達成を意図している。クーデターあるいは行政部の乗っ取りによる国内の簒奪は、指揮している個人あるいは集団がより大きな権力の獲得を狙っていたり、あるいはもっと広範囲に及ぶ政治的・経済的・イデオロギー的な目標を持っていたりしよう。外国の侵略および占領のほとんどの場合は、傀儡政権あるいは従属的政府の樹立・住民をも含めた完全な領土併合・経済的搾取・ある種の原料の獲得・新しい住民へのイデオロギーあるいは宗教の拡張・予想される軍事的脅威の除去あるいは先制攻撃・第三国攻撃のための装備と軍隊との輸送、といった目的のために行われる。

そのような国内あるいは国外からの攻撃の成功は、全て、攻撃者の目標達成にかかっている。それゆえ攻撃者は、本能的一時的な激怒、あるいは目的もない大量破壊の誇示というよりはむしろ、合理的に計画された行動をとる可能性が極めて高くなる。例えばフランス・ベルギーのルール侵略は、規定通りの賠償金支払いを確保し、ラインラントをドイツから分離することを目的としていた。一九六八年ソヴィエト連邦はチェコスロヴァキアにおいて厳格な共産主義体制を復活させようとした。国内での簒奪はほとんどの場合、カップ一揆とフランスの将軍たちのクーデターにおけるように、既存の政府を乗っ取り、国家機構と社会とを支配下に置いて、新しい政府を強要することを目的としていた。もし攻撃者が彼らの目標を達成しなければ、負けである。したがって攻撃者は、いかにして目的を達成すべきか、慎重に計算しなければならない。

攻撃者が彼らの目標のほとんどを、あるいは全てを確保するためには、彼らはまた占領した国家を統治しなければならない。最優先の目標ではないにせよ、政治的支配は攻撃者が他の目的を獲得するために必要な一歩である。経済的搾取・物資の輸送・イデオロギーの注入・住民の立退き、これら全ては、攻撃された国の人々と組織とによる多大な協力と支援とを必要とする。単にその国土を支配するだけでは不十分なのであって、攻撃者はさらにその住民と組織とを支配しなければならない。抵抗する人々を取り締まるための〈出費〉は、攻撃を仕掛けようとする潜在的攻撃者に大きな影響を与えるだろう。

潜在的な攻撃者は常に、利益は果たして予測した出費と比べて価値があるのかどうかを決定するために、彼らの意図した目的を獲得する〈勝ち負けの確率〉を慎重に計算するだろう。もし成功の機会が小さく、かつ出費が高くつけば、潜在的攻撃者は攻撃に移るまい。彼らは抑止されるのである。

〈市民力による防衛〉による抑止

抑止はしたがって本質的に、軍事的手段にましてや核兵器の能力に結び付けられるものではない。抑止は厳しい非暴力的手段との関係の中で起きるものである。

市民力による防衛はある特定の状況の中で抑止をもたらし得るのかどうか、そして抑止をもたらすその程度はどれほどかは、以下の二つの主要因に依存している。すなわち（1）その社会は、攻撃者たちが望んでいる目的をきっぱりと拒絶し、かつ容認できないほどの出費を（単独で、あるいは他のものと協同して）課してしまうという、その社会の実際の力量のほど、そして（2）

その社会は、潜在的攻撃者の目標を峻拒し、かつ法外な出費を課する力量を持っていると潜在的攻撃者が認識すること、の二点である。

この二つの要因についてもう少し詳細に見てみよう。軍事的手段とは対照的に、〈市民力の抑止〉は、攻撃者の本国への大規模な物理的破壊と大規模な死者と言った威嚇によって行われるものではない。そうではなくて抑止は、攻撃されている社会が攻撃者の目的を拒否し法外な出費を強いるものだ、ということを攻撃者が認識した時に達成されるものである。こういったコスト高には、攻撃者の体制にとって、国内的に見ても（国内での反対と妨害行動）、国際的に見ても（外交的・経済的コスト）、また攻撃を加えた国家の国内においても（攻撃者の目標の拒否、効果的な政治的支配の妨害、さらに攻撃側の軍隊・軍属および住民の忠誠心の喪失すら生み出す）、容認できない事態を含むだろう。[2] 言い換えれば、〈市民力による防衛〉の抑止能力は、直接的に、真の防衛能力に基礎を置いている、ということである。これは核の抑止力とも大規模な通常の軍事的抑止力とも、鮮やかな対照をなしている。この二者は今日では、攻撃を受けた後の報復にはかなり効果的ではあるが、ほとんど攻撃を防禦（自国の人々・生き方・組織を守ることを意味している）できない。ここで使用される軍事兵器は、破壊力が大きすぎて市民社会を守りきれないのである。

研究の初期段階・政策の改良と評価・実行可能性の研究がなされた後に、市民力による防衛の抑止能力を引き出すために、二つの極めて重要な要素が要求される。その第一の要素は、その全住民・全組織への徹底した準備と訓練である。時にはこの準備活動は、組織と社会の変革を伴うだろう（一般的には権力の地方への大幅な移管および、個人・集団・組織による一層大幅な責任の受諾）。こういった変革の目的は、その社会の回復力・自力防衛力・抵抗能力の強化である。これには、攻撃者による政治的支配の強化を阻止する防衛者たちの能力、および攻撃者の他のさまざまな目的を拒否する力量も含む。この防衛力量にはまた、攻撃者のそのような暴挙に対して劇的なほどの費用をかけさせてしまう能力、および攻撃者に課せられる国内的および国際的な難問を増加させてしまう能力も含まれよう。

第二の必要条件は、あらゆる潜在的攻撃者に対して、新しい防衛政策のもとで動員可能で強力な防衛能力があることを正確に認識させる情報伝達のプログラムである。本当に強力で準備の整った防衛能力があるなら、単なる情報公開だけではない〈市民力による防衛〉能力に関する広報宣伝活動が、国内の簒奪と外国の侵略の双方に対する抑止効果を大きくするだろう。

第一章で指摘したように、抑止は攻撃を諫止するというより幅の広い過程の中での、決定の部分である。諫止には、抑止の外に合理的論拠・道義的不服申立・国内騒乱・非挑発的諸政策の影響が含まれるだろう。国家が国家を攻撃するのをやめさせたいと望み、さらに国家の〈市民力による抑止能力〉を強化したいと望んでいるなら、その国家は他国の人々から尊敬と共感とを得るのに成功するだろう。このことは、国家が現に社会であり、あるいは国家が現に社会になりつつあるという、社会の特質を積極的に認識することを通じて達成されるだろう。このことはまた、その国家が進めている対外関係の特質を積極的に認識することを通じても達成されるだろう。[3] そういった措置の中には、ある種の対外援助・緊急援助活動・その他積極的な外交関係の樹立があるだろう。ともあれそういった政策は、市民力による防衛を採用している国々への敵意を減少させ、好意を増大させることになるだろう。必ずしも決定的だとは言わないにしても、そういった政策は、ある状況下では、攻撃の機会を減少させることができるだろう。とはいえ、そのような政策だけでは、不十分であろう。それにもかかわらず社会が攻撃されるかもしれないから、やはり社会を防衛する適切な力量が必要不可欠である。

〈市民力転送戦略〉[4] は、ある状況下で外国からの攻撃を妨げる、一つの可能な補助的手段である。その戦略は、ある特定の目標を達成しようとする攻撃、例えば領土のある限られた部分（海軍の基地・空港・鉱物資源の採掘等のような）だけを支配しようと目論む攻撃（このような場合そこでは通常の市民力戦略では効力が疑わしいので）に対して用いることができよう。

そのような場合において、市民力による防衛は、攻撃者の母国内（あるいは他の占領されている国々の中）の不満を抱く集団が、効果的な非暴力的抵抗運動を起こしたり、さらには大規模な市民による反乱をさえ起こしてしまえるようにと、非暴力抵抗の技術的な「ノーハウ」を広めてしまうのである。これは、ラジオ・TV・電話・印刷物・手紙・カセット・ビデオを通じて行われるだろう。本国における抵抗運動と蜂起は、準備を整え防衛精神に燃えたつ国々を相手にしている、海外に配属された軍隊と軍属にとっては、好ましい状況ではないだろう。

軍事的であれ市民的であれ、いかなる抑止も決して抑止を保証するものではない。起こり得る失敗に対処し得る能力はそれ故、極めて重要である。軍事的手段とは対照的に、市民力による防衛の抑止能力は直接的にはその防衛能力に依存する。市民力による防衛の抑止準備の失敗は、核の抑止とは違って全滅をもたらすのではなくて、ここで初めて本当の防衛能力が実行に移されるのである。したがって我々は、この特殊な形態の防衛が一体どのように作動するのか、大体の輪郭を調べてみることがぜひ必要となる。

〈市民力による防衛〉の戦闘能力

すでに見てきたように、攻撃に対して防禦するこの〈市民力による防衛〉政策の力量は、攻撃者の目的を拒否し、かつ莫大な国内的・国際的な費用をかけさせてしまうその能力にかかっている。市民力による防衛を実行するためには、軍事的手段をもってする兵士と全く同じであろうが、人々は抵抗する意志を、準備万端整える意思を、そして死傷者が出ても闘い抜く意志を持たなければならない。可能性としては性別も年齢も関わりなく全住民が、そして社会の全組織が、この闘いの関与者である。(5)

国内でのまた外からの攻撃を受けた多くの事例では、攻撃された人々の間に、最初の時点で混乱が起き、しばしば絶望感に襲われ、そして方向性を見失ってしまうことがあった。これが明瞭なのは、一九四〇年四月ナチの侵略をうけた後のノルウェーの場合である。軍事的抵抗が終わったあと、人々は一体どうやって、クウィスリングのファシスト党・国民連合(ナショナル・サムリング)のほか、ゲシュタポ[6]に支援されたドイツの軍事的占領に抵抗したらよいのかを悟るのに数か月かかった。もし事前の準備と抵抗の全体的指針(さまざまな地域の住民と特定の組織の責任と果たすべき役割とを含む)に対する広範な理解があれば、人々はそのような不安感と混乱とを大いに回避できたばかりか、迫り来る危機に、決意・気概・自信を持って対決できたであろう。

攻撃者に対する全体的な反対と社会防衛の意欲だけではしかしながら不十分である。それらは行動の大戦略[7]に変換されなければならない。これには防衛の全体的な目標・闘争を集中すべき争点・全体的な行動技法の選択・防衛遂行に用いられる他の多様な手段を含むであろう。練り上げられた大戦略は、今度は特殊な目的や状況に向けてのさまざまな個別的な闘争戦略へと拡大されなければならない。それぞれの戦略は、特殊なこの運動が一体どのように行われるのか、別々の構成要素が一体どのように共闘していくのかを説明するだろう。それぞれの戦略は限定された目標を達成するために、さまざまな戦術すなわち遙かに限定された行動計画を含むだろう。戦術と特定の行動方法とは、それぞれの特定の戦略の目的達成に貢献すべく注意深く選択されなければならない。

市民力による防衛の武器あるいは方法は、非暴力的であり、第三章で概観したように心理的・

社会的・経済的・政治的なものである。過去の準備なき非暴力闘争の事例で用いられた方法には、以下のものがある。すなわち、象徴的抵抗・輸送機関の麻痺・社会的ボイコット・特定部門のストライキおよびゼネラルストライキ・市民的不服従・経済封鎖・政治的非協力・偽造身分証明書の発行・経済的ボイコット・大衆的デモ行進・怠業・発禁新聞の発行・命令の意図的非効率的処理・被迫害者への支援・抵抗ラジオTVの放送放映・議会による正式な拒否・司法の抵抗・政府の正式な抗議・簒奪者の正統性の拒否・公務員の非協力・議会の引延しと遅滞・拒否宣言・従前の政策と法の継続・学生たちの拒否・子供たちのデモ行進・協力の拒否・個人的集団的辞職・大規模かつ選択的な不服従・独立した集団と組織の自立性の堅持・簒奪者の軍隊の反政府行動、および反乱への扇動。

あらゆる状況に対応し得る〈市民力による防衛〉による抑止・防衛能力を計画するための、たった一つの青写真が存在するわけではないし、作り出すこともできない。このことは軍事的手段による紛争よりも、市民的手段による闘争の場合に遙かによく当てはまる。通常の軍事的紛争と核紛争とにおいては、紛争の元になった問題の争点に全く関わりなく、双方とも本質的に同じ方法で、兵器は圧倒的に破壊し殺し尽くす。市民力による防衛においてはしかしながら、所与の事例で用いられる政治的・社会的・経済的・心理的武器が、まさに係争中の争点だけを狙うだろう。したがって方法の選択は、攻撃者の目的達成を阻止するために選択される特定の戦略によって、また第三章で触れた非暴力闘争の全体的戦略原則によって、大きく影響されるだろう。

正統性と自治能力とを堅持すること

市民力による防衛における賢明な戦略の基本原則は、攻撃者独自の支配を強要しようする試みに直面した時、正統性と社会の自治能力とを堅持することである。拒否するという面から言えば、防衛者は常に攻撃者の正統性を拒否すべきであり、かつ攻撃者たちがその国家を効果的に支配するのを阻止しなければならない。攻撃者が今ある統治機構を簒奪しようとするのであろうと、攻撃者独自の政府を樹立しようとするのであろうと、防衛者は双方のそういった目的を阻止し、打破しなければならない。

国家の政治体制の防衛は、たとえ攻撃者の第一目標が独自のモデルに従った国家改造ではないにしても、必要不可欠なことである。すでに指摘したように、ほとんど全ての目標を達成するには実現に時間がかかるから、攻撃者は攻撃を加えた当該社会の住民や組織からの広汎な協力を得なければならない。攻撃者は今ある政府機構の従順な援助を確保することによって、あるいは彼らの目標を実行する新しい政府を強要することによって、協力を得ようとするであろう。したがって人々が攻撃者に対してあらゆる正統性を拒否すること、かつ今ある政府に服従も協力もさせないことが、極めて重要なこととなる。市民力による防衛において必要不可欠な事柄は、守りについている政府の象徴性・正統性・行政機関・組織を、そしてもちろんその警察と今ある軍隊を、攻撃者に利用もさせず、社会的政治的に支配もさせないことである。

攻撃者が彼ら独自の「政府」を樹立しようとしているなら（あるいは樹立に成功してしまったなら）、極めて重要な事柄は、防衛者たちは、（1）この「政府」をさまざまな非協力の手段を通じて孤立させること、（2）攻撃者の政府と並行して、防衛者自身の政府形態を堅持することである。防衛者の〈並行政府〉は、攻撃者が政府を奪取できなかった場合、あるいは並行政府が正式な組織形態を取れなかった場合でも、これまでの政府組織を保持することである。どちらの場合であってもこの並行政府は、攻撃者によって作られた追放統治組織と拮抗して活動しなければならない。[8]

並行政府については第三章で論じた。そこで挙げた主な事例は革命的状況で起こったものであった。ここではそれと違って、攻撃者が国内の簒奪者であろうと外国からの侵略者であろうと、攻撃された側の道義的・合法的権威体制を堅持すること、および攻撃者の支配圏の外側に実力ある統治組織を保持すること、の二点に焦点を当てる。市民力による防衛の闘争中における並行政府の権威ある分析およびその綿密な検証は、まだ試みられていない。しかしながらさまざまな事例の調査研究は次のことを示している。すなわち独立した正統的政府の継続的存在は、潜在的な簒奪者あるいは外国からの潜在的侵略者による政治的支配権の強奪を妨げるのに非常に重要であるということである。

第一章で述べた、ドイツとフランスにおけるクーデターに対する防衛の事例では、紛争の継続している間、正統政府が完全にあるいはいささか限定された形ではあるが、ともかく存続していたことである。エーベルト政府はベルリンから脱出して首都は占領されたが、最高位の官僚たちはその地位にとどまり、州政府もそのまま変更なしであった。官僚とさまざまな政府機関は正統政府に従い、一揆者一味にはほとんど支配権が残されていなかった。フランスの事例では、パリのド・ゴール＝ドブレ政府はさまざまな要因があっていささかも動揺しなかった。これはアルジェにおけるクーデターの最終的崩壊に決定的であった。アルジェにおいて反乱者は、初めは政治機構すら掌握したものの、すぐに失ってしまった。フランス・ベルギー軍のルール占領の間、ワイマル共和国政府は引き続き存在しており、非協力政策〔受動的抵抗政策のこと〕を確立し支援するのに同様に決定的であった。

第二次世界大戦の間、いくつかの亡命政府[9]がロンドンに成立し、重要な並行政府の役割を果たした。亡命政府は、ドイツ占領下に作られた〈協力者体制〉とは対照的に、正統な代替組織として機能しただけではなく、さらに時には本国における抵抗運動をも支援した。例えばノルウェー亡命政府は、逮捕された非暴力抵抗者の家族を支援するために、苦労して占領された本国に送金した。またネーデルラント政府は一九四四年九月、連合国のヨーロッパ進撃を援助するために、オランダ鉄道労働者に向けてストライキ（一九四五年まで続いた）を行うよう呼びかけた。

一九六八年から一九六九年までのチェコスロヴァキアの事例では、政府と共産党は当初においてはソヴィエトの占領に対して完璧な非協力政策を行った。この当初の応酬は見事であって、この間ソヴィエト政府は見せかけの新政府すら立ち上げることができなかった。チェコスロヴァキアの防衛闘争の最終的敗北は、政府と党の指導部がモスクワ交渉でソヴィエトとの妥協に何とか傾いた時〔一九六八年八月二六日、モスクワ議定書調印〕から、とりわけワルシャワ協定占領軍のチェコスロヴァキア駐留を正当化した時〔一九六八年一〇月一六日、暫定駐留条約締結〕から、始まったと言われている。こうしてソヴィエト政府への少しずつの譲歩が次の数か月間続いて、ついに一九六九年四月〔一七日〕ドプチェク首脳部の交代というソヴィエトの要求に屈服してしまう。要するに侵入以前の政治組織による不屈の指導力は、闘争の始まった最初のわずか一週間かそこら存在しただけであった。効果的な非暴力防衛闘争は、ソヴィトの軍事的指揮権が存在していたにもかかわらず、確立された政府がその正統的役割を維持している間だけ、行われた。確立された政治体制による、占領軍および潜在的スターリン主義協力者への公然たる拒否は、決定的であった。軍事力による政治的目標達成に失敗したソヴィエトは、漸次政治的圧力の強化へと移行せざるを得なくなり、チェコスロヴァキア首脳部はそれに屈服したのである。

防衛戦略を選びとる

攻撃者に政治体制の支配権を掌握させないばかりか、さらに攻撃者が狙うかもしれない、そのほかの如何なる目的をも断固拒否するよう、最大限の努力を払うことが極めて重要である。例えばもし攻撃者の目的が経済的搾取であるなら、防衛の最も適切な戦略と手段とは、やはり経済的なものとなるだろうし、またもし攻撃者の目的が政治的・イデオロギー的・領土的・集団殺害等であるなら、最も適切な防衛手段も異なってくるだろう。

例えばフランスとベルギーは、侵略に際してとりわけルールの備蓄石炭を押収することを目的としていた。したがってドイツ側の防衛努力の重要な部分は、占領者を厖大な石炭貯蔵に近づけないことに絞られた。用いられた抵抗運動の重要な方法のうちで、炭坑夫のストライキ・鉱山の占拠・輸送労働者によるボイコット等々が多用された。

他方、争点は政治的であるかもしれない。争いの主要点は、学校をファシストに支配させなかったノルウェーの事例ですでに指摘したように、いつでもかなり限定されたものであった。その事例での主要な抵抗方法には、さまざまな形態の広範な象徴的〈抗議〉と〈介入〉（事前の準備なく個人宅で授業開始することを含む）はもちろん、社会的・政治的〈非協力〉という形態もあった。

すでに述べたようにチェコスロヴァキアにおけるロシア人の当初の目的は、同様に政治的なものであったが大規模なものであって、党および政府のドプチェク首脳部を不満を持つスターリン主義者集団へと交代させることであった。したがって抵抗運動は当初、大規模で非常に強力な心理的・社会的・政治的圧力をかけて、スターリン主義者が協力政府を作れないように的を絞っていた。

市民力による防衛の計画があれば、防衛者は潜在的攻撃者が狙いそうな目標と彼らの戦略とを正確に察知して、攻撃が始まる前に、対抗戦略と対抗手段とを工夫できるだろう。防衛計画はまた、防衛者が〈市民力による防衛〉闘争で主導権を持ち続けられるような代替戦略と緊急事態対策との開発を、視野に入れることができるだろう。平和時におけるそういったあらゆる戦略分析は、戦時状況下においては、防衛者の力を大いに最大限にまで高めるだろう。

〈市民力による防衛〉戦略とそれを実行する手段との選択は、同様に、下記の要因によって影響されるだろう（重要性の順ではない）。〔番号は訳者〕

1 攻撃して来ている体制あるいは集団の性格。
2 他のさまざまな関係性の中で、彼我双方がそれぞれ親密にあるいは疎遠に感じているその程度。
3 攻撃者の戦闘手段と抑圧手段の性質。
4 第三者が攻撃者に影響や圧力をかけることができる、その程度。
5 防衛者が第三者によって影響される、その程度。
6 攻撃されている社会およびその社会の中の非政府的組織の内部の強さ。
7 攻撃者の体制と組織のもろさ。
8 社会を防衛するための事前の準備の程度と性質。

9　攻撃者と防衛者にとっての当該争点の重要度の違い。
10　経済的な、とくに食料・飲料水・燃料に対する防衛側の社会の脆さあるいは自力防衛力。
11　防衛の代償としての死傷者の発生に耐え抜こうとする防衛者たちの進取の気概。

市民的防衛者は第三章で論じたように同様に、どの〈変化の仕組〉が最も勝利を得やすいか考える必要がある。防衛者は、攻撃者がみずからの目標も攻撃自体も不正なものであるという見解に〈回心〉して欲しいと願うかもしれない。防衛者は、ストライキの場合多くが妥結で終わるように、喜んで〈妥協〉するかもしれない。しかしながらわが攻撃者との妥協は、ほとんどの防衛闘争にとって褒められた目標ではない。そこで防衛者は攻撃者に〈威圧〉をかけて、攻撃者の当初からの目的と攻撃そのものをも放棄させようとするかもしれない。

特殊な場合には、威圧では不十分であろう。外国からの攻撃者の、その本国での体制が、自国民を抑圧し不安定な状況である時、その目的は、威圧をかけて攻撃中の国家から軍隊を撤退させてしまうだけではなくて、さらに攻撃者の本国内の抵抗者と協力してその体制を〈崩壊〉させてしまうことであるかもしれない。あるいは攻撃が国内での簒奪であるなら、その目的はその崩壊を確実にすることであろう。攻撃してくる集団は、喜んで降伏してくるような集団であっても、決して政治的な単位として生き残らせてはならない。後になって再び同じような襲撃を起こしかねない攻撃者集団の、生き残っている組織化された部分は、一つとして残してはならない。

実のところ回心・妥協・非暴力的威圧という〈仕組〉は、すでに指摘したように、緊密に結びついており、そして回心と非暴力的威圧とを組み合わせれば、体制の崩壊を引き起こせるかもしれない。しかしながらこの仕組かあるいは他の仕組かという優先順位は、防衛の大戦略の選択と用いられる特定の行動方法の選択にも、大きく影響されるだろう。

市民力による防衛において、他のどのような行動形態が非暴力闘争と共に用いられたらよいかを決定するには注意が必要である。その行動が単に「暴力的」か「非暴力的」かを問うだけでは決定したことにはならない。それらは〈所有物の破壊〉〔後述〕を含む遙かに広範な明確に識別可能な行動形態の中の、単に二つの特殊な範疇にすぎない。市民力による防衛と併用される手段の適合性という問題は、確かに重要ではあるが、解答は必ずしも明白ではない。

軍事的抵抗と非暴力闘争とに分けられた、そういった行動のあるものについては、ほとんどいや全く問題がないように思われる。例えば機械や車の重要な部品を取り去ること、車の燃料を他人に危害を与えないで抜き取ったり流失させたりすること、人命に危険を与えないで政府省庁や機関（警察のような）の記録・ファイル・コンピューター情報を消去あるいは破壊すること、また同様に将来攻撃者が奪ったり使ったりできないように自分自身の所有物に傷をつけたり破壊したりすること、また侵略してくる敵軍を阻止するために重要な橋梁や隧道を破壊すること、これらの方法は市民力による防衛に適合的と思われる。

しかしながら機械装置・交通機関・建築物・橋梁・軍用施設等々の爆破や破壊行動は、かなりの死傷者をもたらす行動であって、非暴力闘争の効果にとって明らかに非常に危険なものである。この判断は必ずしも倫理的なものではなくて実際的なものである。この種の行為はさらに詳しく証拠と問題点とを検討してみる価値があるが、好意的に見ても極めて危険であり、最悪の場合は市民力による防衛にとって極めて逆効果的となる。一九二三年のルール闘争での経験が示しているように、この種の破壊工作は攻撃者側の兵士や軍用雇用者を殺害するだけではなく、味方の人々をも殺すことになるだろう。のみならずこの行為は激しい弾圧の口実となり、闘争の基盤を非暴力抵抗から資産の破壊へと変化させ、抵抗者たちへの同情と支援とを減少させてしまうだろう。ルール闘争においては、この種の破壊工作はそれまでの強力な非暴力抵抗を弱めてしまったのである。それゆえ爆破やそれに類する行為は一般的に、市民力による防衛の武器庫から除外されるのが最もよい。

全ての〈市民力による防衛〉闘争が同じように成功するわけではなく、それに従えば勝利が約束されるような公式があるわけでもない。しかしながら市民力による防衛の有効性は、大筋ながら少なくとも以下の七要因（重要性の順ではない）に依存しているということを示すことは可能である。〔番号は訳者〕

1　攻撃に立ち向かう人々の防衛意思。

2　攻撃されている社会の内部の強さ。

3　味方の〈権力の源泉〉の支配権を確保し、攻撃者にはそれを峻拒する人々と組織の能力。
4　防衛者が行使する戦略的英知。
5　攻撃者の目標を拒否する防衛者の能力。
6　抑圧に屈せず、非暴力という規律と非暴力的抵抗とを堅持し、効果的な非暴力闘争遂行の必要条件を満たし得る市民的防衛者の力量。
7　攻撃者の組織と体制の弱点をさらに弱体化させ得る防衛者の手腕。

攻撃者の暴力に抵抗する

人々は闘争の重圧に耐え抜く方法を知っておく必要がある。また抑圧にも屈せず闘い抜く精神力も同様に必要である。人々は一体どうやって中盤の貴重な勝利を永続性のある最後の勝利へと変化させていったらよいのか、知っておく必要がある。理解・計画・情報を共有する一致団結した行動は、守りについている人々の潜在的力量を動員し、彼らの防衛力量を最大限に高めることができるだろう。

非暴力的方法の成功は、抑圧にも屈せず粘り強く非暴力的方法を貫くことに、さらに挑発に直面しても断固、非暴力という規律を堅持することに大いに左右される。暴力行為への移行は、その闘いを市民的防衛者にとっては途方もなく圧倒的な暴力的兵器に対するに非暴力的武器を以てするという〈非対称の闘い〉から、双方が暴力的兵器（より優れた装備の攻撃者に通常圧倒的な有利さを与える）を用いる〈対称の戦い〉へと変えてしまうだろう。

市民的防衛者に対する抑圧は、苛烈なものとなるだろう。抵抗者・家族・友人たちは、逮捕され、拷問を受け、そして殺されるかもしれない。全住民集団は、食料・飲用水・燃料を絶たれるかもしれない。デモ参加者・スト実行者・指示に従わない公務員は、銃殺されるかもしれない。市長・市議会議員・教師・聖職者は、強制収容所に送られるかもしれない。人質は処刑され、異議を申立てる人たちすら大量虐殺されるかもしれない。防衛における人的犠牲は過小評価されてはならない。しかしながら市民力による防衛における死傷者数およびその他の犠牲は、核戦争は言うまでもなく、通常の戦闘およびゲリラ戦といった厖大にして遙かに高い犠牲を生み出す状況と比べてみる必要がある。被災や死者は、激しい闘いであるなら事実上どのような場合でも、避けられないものである。しかしながら非暴力闘争は、死傷者数と破壊とを最小限にする傾向がある。第三章で論及したように、限られた入手可能の証拠からではあるが、死傷被災率は、通常の戦闘、特にゲリラ戦のそれと大まかに比較した場合、〈ごくわずか〉であると見られる。

軍事戦闘を含めた大きな紛争におけるように、攻撃者側の暴力行為に直面して逃亡あるいは降服は受け入れ難い応答である。市民的防衛者は、敵方の厳しい抑圧と残虐行為に驚いてはいけない。それらが襲ってきた時、防衛者はその抵抗をやめてはならない。抑圧は多くの場合、抵抗運動が実際に〔敵方の〕攻撃の成功を危うくしているという認識への反応である。抵抗を弱めあるいはやめることで攻撃者の残虐な暴力行為をやめさせようとするいかなる試みも、攻撃者に引き続きさらに残酷にそのような暴力行為を反復すべしと教えるだけである。なぜならこれからもさらに残虐な暴力行為を加えれば、望んでいる結果、すなわち服従を得られるからである。

防衛者が異なった方法で攻撃者を迎え撃つ非暴力行動という別の方法を取ったからには、防衛者たちは暴力行為を受け入れてはならない。非暴力闘争中に死傷者が出たなら、防衛者は一連の〈政治的柔術〉の技を使ってよい。政治的柔術の技は、多くの事例で成功をもたらす〈必殺技〉である。

初期段階における二つの戦略

あらゆる〈市民力闘争〉に対応するただ一つの青写真を設計することはできない。しかしながら大多数の市民力による防衛の、主要と思われる構成要素と戦略とのいくつかを述べることは可能である。

事前の準備を整えた〈市民力による防衛〉による抑止効果、および国内政策と外交政策による諫止効果の双方が共に、侵略あるいは国内の簒奪を防ぐのに失敗した時こそ、防衛政策を発動させる秋である。(10) いくつかの種類の防衛戦略が、攻撃された初期段階において直ちに用いられなければならない。極めて重要なことは、攻撃された社会は最大限の努力を払って闘争の主導権を掌握すべきであって、単に攻撃者の行動に追随などしてはならない。

防衛者による初期段階の戦略は、以下の二つの主要形態の内の一つを取るだろう。一つは、防衛者たちの抵抗意志を敵方に伝達し、これ以後強力な反撃が敢行されると警告するために設計され、もう一つは、もうすこし後の段階で用いられる、同様に伝達的なものであるが、より強力な抵抗形態のいくつかを行動で示すために計画されている。

戦略の発展に伴いそのどちらにも厳密な歴史的先例は存在しないが、それぞれの戦略の特殊な構成要素は、過去の事例の中に見出される。一九六八年チェコスロヴァキアにおいては、例えば前記二つの戦略の構成要素として、ここで取り入れられている多彩な初期段階の〈方法〉が用いられていた。それにはソヴィエト軍の輸送車がどうしても渡らなければならない橋梁を人々が手を繋いで遮断したこと・ソヴィエト兵士にビラを渡したこと・象徴的なストライキ〔侵略を非難する一時間スト〕・国民議会による公然たる拒否宣言・プラハで多数の人々がソヴィエト軍戦車を取り囲んで行動を封じたことが含まれる。よく練り上げられた〈市民力による防衛〉計画の一部分として用いられるいくつかの〈方法〉の組み合せは、過去の事例に見られた事前の準備なき非暴力の防衛抵抗で取られた初期段階での行動と較べて、遙かに巨大な影響力をその戦略に与えることになるだろう。

〈伝達と警告の戦略〉は、元来抵抗そのものとしてではなくて、単なる伝達として設計されている。この戦略は第一に、真っ先に攻撃者たちに向けて、のみならず第三者に向けて、そしてもちろん自国の人々に向けて発せられる。言葉と象徴的行為という伝達手段で攻撃者たちが先ず知らされることは、その社会が、決意を固め万全の準備を整えた大規模な市民力による防衛によって防禦されているということである。この戦略は、クーデターあるいは行政部門の簒奪よりも、劈頭から強力な非協力と公然たる拒否とが要求される外国からの侵略に対して、大きな効果を発揮するだろう。この戦略の重要な構成要素は、しかしながら大規模な非協力と組み合わせられるべきだろう。

初期行動で用いる〈伝達と警告の戦略〉は、後の非協力と公然たる拒否の戦略と比べればやや大人しいものではあるが、この行動が重要ではないということを意味しない。次の段階では強力な非暴力的抵抗を行うぞというこの意思伝達は、譬えて言えば拳銃の撃鉄を起こして狙いを付けることである。次の瞬間、拳銃は轟然と火を吐くわけだから、これは確かに大人しいものではある。

伝達戦略とは対照的に〈非暴力電撃戦戦略〉は、伝達戦略のいくつかの方法と組み合わされて、大規模な非暴力抵抗と公然たる拒否との劇的な実演という形を取る。電撃戦戦略は国内の簒奪者に対して、時には外国の侵略あるいは外国軍に支援されたクーデターに対しても有効である。

この非暴力電撃戦は、攻撃者の権威の大規模な拒否・ゼネラルストライキ・大規模な政治的非協力・攻撃軍への広範な呼び掛け・同様の方法（下文でもっと十分に説明される）といった形態を取るだろう。攻撃者たちが連帯のあまりの固さを見せつけられて衝撃を受け、早々と撤退を開始するなどという可能性は、通常ほとんど起こり得ないけれども、ある特殊な状況下では有利に働くものである。いずれにせよこの電撃戦戦略は、関係する全ての者に攻撃してくるなら不退転の防衛に遭遇するということを伝達するだろう。

伝達と警告の戦略

この戦略で市民的防衛者たちは、阻止も打破も極めて困難な形態の、激烈で強力な防衛闘争が待ち構えているというメッセージを言葉と行動によって伝えようとしている。

この伝達のかなりの多くは、攻撃者側の指導者たちに向けられよう。彼らは攻撃に抵抗する人々の強力な意志を計算に入れていないかもしれない。攻撃者はまた、この市民力による防衛の力量を、特にこれが事前の準備を早々と整えた政策適用の一つとして起こされているかもしれないということを、ひどく軽視しているかもしれない。そのどちらの場合にせよ、そこには僅かながらも攻撃者の誤認を正し、恐らく何か〈面子を立てる〉という口実で攻撃を中止させてしまうような機会が存在しているかもしれない。

侵略の場合、この〈警告と情報伝達〉のかなりの多くはまた、直接・間接に攻撃者側の本国の一般大衆に向けられよう。クーデターの場合には、警告は自国内の社会に向けてなされるだろう。そのいずれの場合であっても、一般大衆がその攻撃について知らされている虚偽を暴くことが必要となる。なぜなら、各自国の政府あるいは軍隊の指導者たちが簒奪に加わったり、外国の軍事的介入を「要請」したりするものだから（ソ連は最初チェコスロヴァキアへの侵略にこの口実を使った）、人々が自国の「指導者たち」による憲法違反の非正統的行為をきちんと見分けて抵抗できることが大切なのである。こういった事態は、防衛者たちが軍事的手段を用いている時よりも、非暴力的手段を用いている所で起き易いようである。過去において人々は、主として内戦を避けたいと望んで、時には抵抗することもなく軍事クーデターに服従してきたものである。

防衛の意図と防衛遂行の手段とを伝達する〈言葉と行動〉はまた、自国の近隣諸国に、国際社会全体に、そして〈市民力による防衛〉条約の組織があるならその同盟国に向けられるだろう。この情報伝達は、（a）攻撃された国家への有益な援助、（b）防衛に支障をきたす行動を差し控える、そして（c）攻撃者に対する国際外交的・道義的・経済的・政治的圧力を促進させる、その基礎を築くであろう。

攻撃者に向けられた〈伝達と警告〉は当然、自国の人々も聴き知ることになる。そこで伝達された防衛の説明は、防衛政策にほとんど関わってこなかった人々、あるいは防衛政策について不適切な情報を与えられていた人々、そういった人たちにとっては重要なことになるだろう（市民力による防衛が適切に準備されている所なら、このことはそんなに重要ではない）。

ラジオ・テレビ・新聞・ビラは、全国レベルと地方レベルの幹部が防衛している人々にじかに伝達するために、直接的に用いられてきた。事前に計画されたものではなかったが、ラジオ・テレビ・抵抗新聞は、チェコスロヴァキアが侵略・占領された初期時点で全て活用された。〔地下〕ラジオ放送は、非暴力抵抗中の人々を導くのに役立ち、極めて重要であると信頼されていた。もし事前の計画と準備という利点があったなら、それら全ての伝達手段はとくに重要なものとなるであろう。

この〈伝達〉を通じて、攻撃者たちに呼び掛けたものであれ、自国の一般大衆に向けられたものであれ、人々は攻撃のニュース報道よりも、遙かに多くのことを聞き知ることになる。人々はその上、自分たちの社会全体が生死を賭けた、決定的な防衛闘争に突入しつつあるというメッセージを、またその闘いで重要な役割を果たすのは自分たちだというメッセージをも受け取るだろう。このメッセージは、近隣地区と職場での特定の準備と活動とを支援し、さらに住民全体の抵抗精神の強化に貢献するだろう。

国内における攻撃者の支持者と、金持ちになる好機だと考える者、あるいは権力ある地位を狙っている者は、この初期段階の間ずっと、警告される必要がある。言葉と行動とによって、彼らは、社会を挙げて強力な防衛が行われること、また（身体への害はないものの）彼ら敵性協力者たちは、粘り強い抵抗運動の目標になることを告げられるだろう。彼らは自国民からは裏切り者と見なされて、攻撃者からのいかなる褒美も貰い続けることができなくなるだろう。

攻撃者側の軍隊および軍属は、この闘争の段階を通じて特に重要な攻撃目標となるだろう。彼らは、守りについている国家の状況について、その住民から何を期待しているのかについて、またどのような国家を侵略しようとしているのかについてさえ、虚偽の情報を与えられているかもしれない。簒奪や占領の試みを崩壊させる決定的な方法の一つは、攻撃者の体制の、軍隊と軍属の忠誠心・信頼性・恭順を衰退あるいは消失させることである。そういった人たちには、したがって個人的にかつ全体的に、虚偽情報を修正させ、彼らの役割と責任とを理解させるために、正確な全体像を与えなければならない。市民的防衛者たちが敵方の軍隊と軍属に伝えなければならないことは、この紛争での問題の核心、攻撃されている社会の性格、攻撃者の顕わになった目標、今争っている両陣営の国民にとって重要なことは攻撃の中止、計画された簒奪あるいは占領の終焉であるということである。

防衛者たちが同様に伝達しなければならないことは、攻撃を迎え撃つ防衛は激しく決然としてかつ粘り強いものではあるが、それは特殊な性格を持っていること、防衛の目的は攻撃してくる軍隊中の各人の生命と個人的安全とを脅かすことなく、攻撃を撃退し社会を守り抜くことであるということである。このような情報伝達と実践行為は、攻撃者側の軍隊と軍属の信念を打ち砕くのに大変役立つだろう。

そのような情報伝達は、のちの〈呼び掛け〉の準備工作にもなるだろう。兵士や軍属は、取締りと抑圧の際には故意にゆるやかで、時にはききめのないやり方で、と頼まれるかもしれない。また抵抗する人々を何らかの方法で援助して欲しい、厳しい軍事行動を要求する命令を無視して欲しい、反乱を起こして欲しい、あるいは田舎とか守りについている人々の中に潜伏して欲しい（そうすればあなた方は安全だから）、とか頼まれるかもしれない。そのような方法で、攻撃者側の抑圧能力と行政能力は、ある状況下では徐々にあるいは急速に崩壊していくだろう。

さまざまな情報伝達の手段は、そういった全ての集団に届くように用いられるだろう。言葉による伝達手段には、手紙・ビラ・新聞・個人間の会話・ラジオ放送・テレビ放映・オーディオおよびヴィデオカセット・壁書のスローガン・ポスター・旗が含まれよう。またペンや絵の具で描いたシンボル[11]・重大な意味を持つ色・国旗の挑発的掲揚・半旗・弔鐘・沈黙・嘆きのサイレン・特定の歌・それらの方法の多様な変形形態なども用いられるだろう。そういった方法は全て、防衛闘争がその段階で必要とする特定の効果を生み出せるように、慎重に選び出されなければならない。

直接的な象徴的介入と妨害もまた、攻撃軍への情報伝達の中で用いられるだろう。例えば人々が体を張って立ち、坐り、あるいは横になって、橋梁・幹線道路・大通り、あるいは町・都市・建物への入り口を封鎖する。この種の行動は全て、主としてその衝撃力で心理的・道義的影響を与えようとするものである。機械技術的な妨害もまた用いられるだろう。例えば人々は幹線道路と空港とに車を放置して封鎖したり、あるいは機械を解体して海港・空港・鉄道施設を麻痺させるかもしれない。機械技術的妨害は、時には物理的に軍隊の散開を、あるいはある地点ある施設の占領を妨げたり遅延させたりするだろうが、その効果は一時的なものだろう。したがってそういった妨害はあくまでも、心理的な衝撃にあるだろう。

他の範疇の行動も、[12]初期段階で象徴的に用いられるだろう。それらの中には非協力の方法を一時的に行うゼネスト・経済閉鎖・大規模な自宅待機（全町・全市を一見無人にしてしまう）、あるいは全政府機関の閉鎖が含まれよう。これらは、非暴力電撃戦で、そして長期にわたる防衛闘争中で、継続的に用いられるのと同じ方法のいくつかを短期的に用いたものである。一九六八年八月二三日、ワルシャワ協定軍侵略からわずか一日半経過した時、チェコ人は一時間の抗議ストライキを行い、ほとんど全ての活動が完全に停止した。この短時間の行動は、その潜在的力量を如実に示すものである。それは単に抗議と抵抗の意思とを伝達するだけではなくて、もし攻撃をやめなければ、これから先にはもっと強力な遙かに大規模な防衛手段が多数あることを知らしめるものである。

防衛者はまた、〈伝達と警告〉という初期段階の戦略の中で、〈介入〉という劇的な方法を用いるかもしれない。それらの中には、夜間外出禁止令の大規模な公然たる無視・（敵方の兵士たちも含めて）あらゆる人々を対象とした路上大パーティーの開催・「通常業務」の粘り強い遂行・軍隊と下級軍属の忠誠心を弱体化させる大規模な試みも含まれる。

そういった初期段階での行動はまた、攻撃にさらされている人たちに、厳しく断固とした抵抗意志を思い起こさせ、かつ現に行使している抵抗の形態〔非暴力行動〕に気付かせ、さらに事前の闘争準備と今闘争に必要な事柄とに歩調を合わせて、自分たちの責任をきっちりと果たすべく準備する必要性を気付かせるのである。

これら初期段階での〈伝達と警告〉というやり方に対して、攻撃者がどのような対抗手段を取ってくるか、予測することは困難である。攻撃者の対抗手段は、例え同じような状況であっても、極端に大人しいものから極めて残酷なものまで多岐にわたろう。

「非暴力電撃戦」戦略

初期段階での選択肢の第二番目の戦略では、社会の人々と組織とが、直ちに大規模な公然たる拒否運動と大規模な総力的非協力に近い運動とを発動させる。この戦略が最も実行されやすい時は、攻撃者が当初での彼らの攻撃決定において、かなり弱腰で不確実で分裂していると見て取れる時、そして守りについている社会が自分たちを強力でありその防衛能力もよく準備されていて強力であると見なしている時である。この戦略の目的は、大規模で公然たる拒否に直面した攻撃側が、納得してしまって軍隊を早急に撤退させてしまうことである。これは以下のような形態を取るだろう。すなわちゼネスト・経済封鎖・諸都市からの立ち退き・自宅待機・政治制度の麻痺・「通常業務」の継続・攻撃者の要求の無視・デモ隊による大通りの完全占拠あるいは大通りを完全に空にする・攻撃側の軍隊への大規模な説得活動・反抗的な新聞の発行・攻撃と抵抗のニュース放送・その他の多くの方法があり得る。

そのような大規模で公然たる拒否はまた、攻撃側の首脳部に次の二点を伝達しようとするものである。市民的防衛者は攻撃者に勝利の果実を決して与えない闘いを敢行できること、および闘争が長期間にわたった場合、防衛側の非暴力行動とその感化力とが攻撃者側の軍隊と軍属の士気、忠誠心・恭順に与える影響は、彼らの軍隊と軍属に対する信頼性を致命的に悪化させる可能性があることである。

この戦略によって迅速な勝利が得られなかったとしても、少なくとも、効果的に遂行された非暴力電撃戦は、攻撃を受けた社会の、自社会を守り抜こうとする強い意志を攻撃者にはっきりと伝達するだろう。このことはもし攻撃者が撤退しなければ、これから先困難な状況になることを警告するものであることもちろん、以後行われるであろう防衛の非暴力的性格を行動で実演するものである。この戦略がそういった目的を持って実行されるなら、初期戦略とそれ以降の防衛闘争との間に大きな違いはないことになる。

市民的防衛者は、初期段階のこの二つの防衛戦略のどちらか一つだけで闘争の初期段階で勝てそうだなどと考えてはならない。迅速な成功には市民的防衛者による極めて驚嘆すべき初期抵抗を要求するだけではなく、攻撃してくる軍隊の側にも最も例外的ともいえる首脳部（つまり当初の指導者をもう少し暴挙を冒さない人物と交代させる）が存在しなければならない。その首脳部は戦略の誤りを認めるか、あるいは撤退に際して〈面子を立てる〉という方法を取ることができなければならない。そういったほとんど在りそうもない状況下でのみ、闘争の神速な終結が可能になるのである。

もし非暴力電撃戦戦略で迅速な勝利が得られなかったとしても、防衛者はそれにもかかわらずある大切な事柄を成し遂げたのである。それはすなわち彼らの勢力を動員したこと、そして彼らの抵抗の意思と彼らの防衛政策の独自性とを敵方に伝達したことである。このことは実は〈伝達と警告〉戦略の結果と同じである。まさにこの時点においてこそ、来たるべき長期戦にもっと適した、攻撃者の特定の目的にもっとよく対抗できる、別の戦略へと転換する時である。

初期段階で何が起きようとも、防衛者は闘いは引き延ばされ困難となるだろうとの想定のもとに、防衛を継続すべくしっかりと準備を整えなければならない。初期行動が伝達と警告・非暴力電撃戦あるいはその双方の（結合した、あるいはこの順あるいは別順での）運動であろうとも、初期段階はある時点に至れば終わることになろう。もっと長期に及ぶ遙かに重大な防衛闘争の秋（とき）が来たのである。

防衛闘争遂行のための戦略

軍事戦闘において、防衛者もまた神速な完勝を得ようとする。しかしそれができなかったとしても、必ずしも士気喪失あるいは敗北感に襲われたりすることなく、戦いの次の段階に備えて直ちに戦略の転換が図られる。これは市民の防衛戦においても同様である。緒戦は非暴力闘争の単なる導入局面と見なされるべきであって、軍事行動と同じく、勝利達成のための長期にわたる激烈な努力が要求されよう。次なる局面に備えた遙かに適切な戦略への転換はしたがって、士気喪失の理由にはならない。それどころかこの転換は、防衛者たちが闘いの方向付けに主導権を握って最終的な勝利を得ようとしていることの表明なのである。

事前の計画と準備という利点があり、さらに確固とした〈全体的指針〉が作られていて、争点と状況の本質を示している。この全体的指針に従って、ある防衛組織が特定の指令を出したかどうかに関わりなく、人々は抵抗し敵への協力を留保するだろう。緊急事態が発生した時でも、特定の指導者集団が突然に逮捕されたり、あるいは交信回路が厳しく封鎖された時でさえも、依然として抵抗運動は継続されるだろう。そのような全体的指針があれば、特定の指令が出される必要もなく、攻撃者の打つ手は余裕を持って防衛活動を駆動させるだろう。

そのような〈全体的抵抗〉の発動に向けた、〈全体的指針〉の中で明確にされた特定の争点あるいは特定の状況は、それぞれの社会によってかなりの程度異なってくるだろう。とはいえ恐らく以下のような場合が含まれるだろう。すなわち代用政府の樹立あるいは社会の政治的組織への支配権の掌握を狙う攻撃者の活動、社会の集団と組織の自律性破壊の試み、教育・宗教・政治思想支配のための活動、検閲を行い言論の自由を規制する試み、ある公認のイデオロギーの奨励、そして社会のいくつかの分野に対する厳しい抑圧と殺害の実行。

そのような状況についての事前の認識がありかつ市民力による防衛の多彩な方法についての事前の訓練があれば、人々も社会の組織もみずから進んで、良き戦略的判断の範囲以内だとの確信を持って〈全体的抵抗〉を行うことができるだろう。練り上げられた全体的抵抗は、争点の見誤りとかあるいは訓練を欠き逆効果をもたらす行動といった損失を与えかねない結果をうまく回避して、自発的な抵抗力を活用する方法を与えてくれるのである。

全体的抵抗の指針が事前に示されていれば、攻撃者が偽って防衛側の指導者の名前で偽の「抵抗指令」を出すことを困難にするだろう。もしその指令が実行されたら防備に破綻をきたし攻撃者の目的達成を容易にするだろうが、そのような指令は明らかに以前からの防衛便覧・小冊子・ビラで明確に説明されてきた基準と矛盾するから、簡単に見破られ扇動として却下されるだろう。

全体的抵抗とは対照的に「組織の抵抗」は、ある抵抗組織から出された特別指令によって行われる組織的防衛行動、および事前の計画と集団的準備とを必要とする防衛行動を含むものである。組織の抵抗は責任ある防衛指導部が活動できる限り、また住民全体への伝達手段がある限り実行可能となる。この種の抵抗運動は、注意深い戦略分析と注意深い行動計画とに基づいているという利点があり、それ故この特定の活動はずっと成功し易いものである。

より長期にわたる防衛戦略問題に直面したら、市民的防衛者は以下の二つの主要戦略のうちの一つを用いるのがよい。すなわち非暴力電撃戦に似た、大規模な総力的非協力運動か、選択的抵抗のある形態かである。防衛者は特殊な防衛的必要性に対応するために、そういった主要戦略のそれぞれを異なった時点で用いるのである。

総力的非協力

この戦略はまた「総力的抵抗」とも呼ばれる。これには全社会による攻撃者の体制と政策とに向けた、政治的・経済的・社会的な全ての協力の拒否を含んでいる。総力的抵抗は一般的には防衛闘争のある一定の段階に適切である〔後述〕が、しかしある限られた時点以外では実際に用いるのは大変難しい。この戦略は、長期間にわたって例外的に強靭な社会、周到に準備された社会、そして自力防衛力のある社会を必要とする。総力的非協力の影響は、自分たち自身の社会の多くの不可欠な部分を閉鎖してしまうという犠牲の故に厳しいものとなる。この犠牲はたとえ攻撃者が厳しい抑圧を加えなくとも大きなものとなる。守りについている人々は、ほとんどの戦争がそうであるように、何か月もあるいは何年も打ち続くこの防衛闘争を生き抜かなければならない。

食糧・飲用水・燃料の備蓄など広範囲にわたる準備の助けがあって初めて、この戦略が可能となる。総力的非協力は、通常の〈市民力による防衛〉闘争においてはその必要条件が厳しいのでほとんど使えないだろう。

もしこの〈総力的非協力戦略〉が、現実的な防衛の、初期段階以降での、ある期間内で用いられるとするなら、それは一時的で、ある特殊な目的達成のためだけに用いられそうである。闘争のある時点でこの戦略を効果的に使おうとするなら、防衛者は注意深くその時を選ばなければならない。この戦略は、長期間にわたって適切な準備もないままで用いるべきではない。この戦略は、敵方の攻撃自体に対する、あるいは特に敵方の残酷を極める行動に対する、単なる感情的な反発だけで用いてはならない。この戦略はしかしながら、合理的に選び取られているという状況においてなら使ってよいだろう。

〈総力的非協力〉は恐らく、主として〈選択的抵抗〉が用いられている〈大戦略〉の範囲内で、明確に限定された時点において、特殊な目標を達成しようとする場合に用いるのが最もよいだろう。数例を挙げてこのことを説明しよう。市民的防衛者たちは長期間にわたって、攻撃者の特定の政策に対して選択的抵抗を行ってきたと想定していただこう。例えば攻撃者は教会を実質的に政治的支配下に置こうと試みてきたが、抵抗者の選択的抵抗の結果として、その措置は非常に弱体化してしまった、あるいはその実施が阻止されてしまった。しかし攻撃者は依然としてその政策を強制しようとしている。この事例において、全教会と社会のそのほかの諸組織とによる抵抗が、攻撃者にしてみると極めて強力だと分かる。そこで彼らは教会の独立性を奪おうとする活動からしばし撤退する。しかしながら彼ら攻撃者は依然として、時あらば即座に攻撃を再開しようと狙っている。総力的非協力の戦略は、まさにこの時に、力ずくで攻撃者に迫ってその政策を全面的に放棄させるという目的をもって用いられるのである。攻撃者・彼らの組織・彼らの規制に関係するものならば何でも、社会の全ての部分による完全な拒否がこの時実行に移され、攻撃者の弱体化に乗じて、攻撃者に迫って宗教団体の自律性を認め尊重することを公然と誓わせようとするのである。

デモ参加者あるいは一般大衆に対してひどい残虐行為が行われた場合なら、短期間の総力的抵抗行動が、公然たる拒否と決意の程とを表明するのに適切であろう。こういった限定された目的のためであるなら、普通一日あれば十分であろう。ただし敵方が非常に弱い立場にある（例えば敵側の軍隊が反乱寸前にある）ということがはっきりしていない場合、あるいはほかに潜在的ながら決定的な好条件がない場合には、その行動は一日を大きく超えてはならないだろう。総力的抵抗戦略を引き延ばして用いてよい場合は、攻撃者の支配維持能力が極めて弱体化している時、および防衛者がたとえ厳しい抑圧がきても総力的非協力を持続させ得る非常に強力な状況にある時に限られるべきである。

この戦略はまた、主として選択的抵抗を行うさまざまな運動からなる、長期にわたる闘いの最終段階の直前に用いてもよいだろう。ただし総力的非協力の諸条件はしっかりと保持しなければいけない。この時点における総力的抵抗の目的は、ノックアウト・ブローを見舞い、攻撃者の体制を打破あるいは崩壊させること、無謀行為を継続する能力を打ち砕くこと、そして社会の独立と自由を復活させることである。

そういった例外的事例はあるが、社会防衛の主要な推進力は選択的抵抗の戦略であらねばならない。

選択的抵抗

この戦略での防衛闘争は、明確な死活に関わる社会的・経済的・政治的争点に全力が注がれる。それらの争点は、全ての社会的政治的組織を攻撃者に支配させない〈要衝〉としての役割があるという理由から選び出される。この戦略はまた「非暴力陣地戦」あるいは「要衝での抵抗」とも呼ばれる。特殊な部門の人々が、闘いの全過程を通じて、さまざまな時に特定の争点を攻撃対象とする。この戦略で、継続的にいくつかの争点に狙いをつけ、攻撃者が社会への広範な支配権を振るえないようにするのである。

選択的抵抗の戦略は、抵抗運動を防衛活動にとってとりわけ重要な特定の目標に注意深く集中させる。この戦略は防衛を拡散ではなくて収斂させることを可能にし、かつまた消耗もそれほどではない。ほとんどの場合防衛活動を行う主要責任は、抵抗運動の特定の時点と特定の争点とが変わるに従って、人々のある集団から他の集団へと移って行く。

選択的抵抗のために要衝を選びだす際には、以下の六つの大きな問題点が考慮されなければならない。〔番号は訳者〕

1　攻撃者の主要目標は何か。

2　攻撃者が防衛者側の国家機構やその重要な部分への支配権を獲得あるいは保持しようとするのを妨げるものは何か。

3　攻撃者が社会組織の独立性および抵抗能力を弱体化あるいは破壊しようとするのを妨げるものは何か。

4　防衛能力を攻撃者の組織・体制・政策の、特に脆い部分に集中させるのは何か。もしそれらを撃ち破ったなら、攻撃者の目標達成能力と暴挙継続能力とを危険に晒すことになるだろう。

5　防衛者たちが彼らの住民の中の（彼らの最も弱い者たちを用いることを避けて）最強の質の者たち・最強の能力者たち・最強の集団を用いて防衛に邁進させることを可能にしているものは何か。

6　当該争点についてその争点は、防衛者の間に正当な抵抗であるとの精神を喚起させ、かつ攻撃者の目的と手段とを最も不当で非難に値すると感じさせているのであるが、どちらの方が一般原則と闘争目標とを典型的に表明しているのか。

攻撃者の主要目標を拒否できる要衝に、選択的抵抗を集中させることは特に重要である。[13] このことが重要なのは、第二章ですでに見たようにあらゆる支配者の権力は、防衛者による協力・支援・恭順の停止によって計画的に制限あるいは分断できる〈〔権力の〕源泉〉に、依存しているからである。

もし攻撃が例えばクーデターあるいは行政部門の簒奪であるなら、合憲政府の防衛者たちは簒奪者が国家機構および社会の支配を強化できないようにしなければならない。防衛者たちはそのことを憲法原理の遵守を強調することで、また簒奪者の権威を拒否することで、また簒奪者による国家機構のおよびより広範な社会の支配を妨げることによって成し遂げることができよう。非協力は、公務員が、官僚が、政府機関の職員が、州および地方政府が、警察部門が、そしてほとんど全ての社会の組織が、もちろん一般市民大衆も行うであろう。そのような方法は第一章で見たように、カップ一揆に対して広範に行われた。事前の準備という利点があれば、そのような手段の衝撃は途方もなく大きくなるだろう。その結果は正統性の拒否であり、かつ効果的支配強化の阻止である。

もし他国の支配者がみずから選任した政府を強要しようと攻撃してきたら、その時は全てのレベルにおいて協力が起こらないようにしなければならない。協力志願者は孤立化されなければならない。またさまざまな省局・行政団体・警察部門・監獄施設・軍隊への支配も阻止されなければばならない。防衛者たちはまた、いかなる新体制の正統性をも峻拒し、恭順と協力とを大規模に拒否し、そして本来の体制の原理と慣行への忠誠を貫徹させなければならない。

例えば警察官は愛国的抵抗者の捜査と逮捕を拒否するだろう。ジャーナリストと編集者は検閲に屈服することを拒否し、禁令を公然と無視して、一九八〇年代戒厳令下のポーランドで行われたように新聞を発行するだろう。抵抗ラジオ番組は一九六八年チェコスロヴァキアで行われたように、地下放送局から発信されるだろう。聖職者たちはナチス支配下のネーデルラントでプロテスタントとカトリックの聖職者たちが行ったように、侵略者への協力拒否は〈義務〉であると説くであろう。

政治家・公務員・裁判官は敵方の非合法の命令を無視あるいは拒否して、正常な政府機構と法廷とを攻撃者に支配させないようにするだろう。司法の非協力はもう一つの防衛武器となるだろう。裁判官は国内の簒奪者あるいは外国の侵略者の「指導者たち」には権威なしと宣告するだろう。裁判官は侵略前の法と憲法とに依拠して法廷活動を続け、たとえそれが法廷閉鎖という結果に至ろうとも、侵略者に対して道義的・司法的支援を与えることを峻拒するだろう。公務員・官僚は時にストライキを行うかもしれない。また別の時には「協力無しの業務継続」を行うかもしれない。これはつまり彼ら公務員が攻撃者の出した〈逆の命令〉を無視して、あるいはそれを公然と拒否して、すでに合法的に成立している政策・計画・職務を一貫して遂行することである。

もし侵略者が経済的目的を得ようとして攻撃してきたら、その時防衛者は、その経済的目的を拒否することに焦点を合わせるべきである。この拒否は、科学者・技術者・労働者・行政官・関連するあらゆる組織が協力と支援とを拒否するという手段によって達成可能となる。この拒否は関連する全ての段階で、例えば原料獲得の際とか、研究・計画・輸送・製造・エネルギーと部品の供給・品質管理・包装・船積みの段階で実行されるだろう。例えば労働者と経営者は一九二三年ルールで行われたように、選択的ストライキと作業遅延で祖国への搾取を妨害するだろう。

もし攻撃者の目的がイデオロギーにあるなら、防衛者たちの社会通念を貶め、攻撃者の政治的信条を人々に注入しようとする活動を阻止することが、この時きわめて重要となる。これは教育・宗教・報道・出版・青年団体・政府に関わる人々と組織とによる多彩な非協力運動によって達成できよう。例えば教師たちは学校に思想宣伝を持ち込むことを拒否するだろう（第三章でのノルウェー人の事例を参照）。学校を管理下に置こうとする企ては、学校のカリキュラムの変更拒否に、あるいは侵略者の宣伝導入の拒否に直面するだろう。他方教師たちは生徒に問題の核心について説明しつつ、できる限りこれまで通りの平常授業を続けるであろう。必要と判断されれば、学校は自発的に閉鎖され授業は個人宅で行われるであろう。そのような超法規的教育体制が、例えばナチ占領下のポーランドで行われた。教育体制とカリキュラムとの支配管理に抵抗するだけではなく、教師たちは学生たちに思想の自由の大切さとその自由を実践し守り抜くことの重要性をよく考えるようにと促したのである。

選択的抵抗は社会の自律的な組織、第二章で論じた〈遍在する権力核〉を守り抜くことを要求されるだろう。攻撃者はその社会の全面的支配を確立し、彼らの新秩序に果敢に抵抗する可能性を根絶し、あるいは社会全体を全体主義的モデルに従って改造しようとするかもしれない。攻撃者はそのため、現存する全ての独立組織の自律性を放棄させ、活動力のない従順な形態でのみ存続させるか、さもなくばそれらを完全に破壊しようと企てるだろう。あるいは攻撃者は、全体主義モデルによく調和し、かつその成員を管理できる新しい中央支配の組織を作り上げようとするだろう。ファシストの支配するノルウェーの教員組織が、それは抵抗によって阻止されたが、そのような組織体の一つであった。その教員組合の試みも他の職業の同様の企ても失敗して、ノルウェーにおける「組合国家」[14]の樹立は阻止された。社会の組織を支配しようとするそのような企てが、選択的抵抗の〈要衝〉となる。防衛計画と準備とがあれば、人々にそのような抵抗の重要性を確認させ、闘争を成功へと導く手助けとなるだろう。

選択的抵抗はまた攻撃者の体制のとりわけ脆い点に、またその軍隊と軍属の忠誠心と信頼性とに狙いを付けるべきである。

攻撃者はもちろん、いくら非暴力とはいえそのような力強い防衛活動を歓迎することはあり得ない。攻撃者に当然ながら期待されていることは、彼らが効果的と確信するいかなる手段を用いてでも、抵抗運動をやめさせ、無力化させ、あるいは粉砕してしまうことである。第三章およびこの章で論じたように、市民的防衛者は、そのようなあらゆる抑圧に耐え抜き、防衛を貫き、そしていつでも〈政治的柔術〉の一連の技を仕掛けられるように準備ができていなければならない。粘り強い公然たる拒否と規律ある強力な非暴力行動を展開すれば、攻撃者の無謀行為の代価を耐え難いほどに高くつかせ、攻撃者の目標を峻拒して攻撃を中止へと追い込み、あわよくば彼らの軍隊と体制をも崩壊させてしまうかもしれない。攻撃者が弱体化し、防衛者が強力になっていくにつれて、さまざまな形態の選択的抵抗運動は、次第しだいに防衛者たちを勝利へと近づけて行くのである。

〈市民力による防衛〉闘争には割合短いものもあるが、闘争が引き延ばされることがある。そうなると闘争は難しいものになるだろう。攻撃者の抑圧が極端に過酷になり、防衛者たちに大きな危険と多くの死傷者とが出るかもしれない。ルール闘争（カンプ）の終盤の月々で起こったように、最悪の状況下で多くの人々は落胆し、士気を失ってしまうかもしれない。また人々は疲れ切って休息を必要とするかもしれない。

戦略の転換は、特に大衆行動の責任を一つの住民集団から遥かに行動的な別の集団へと移したりすると、時に役に立つことがある。抵抗運動をもっと少なく、あるいはもっと狭い争点に集中させることも同様に役立つことがある。

抵抗疲れという状況では、暴力闘争へと転換しようとする広範な欲求はとても出てきそうもない。なぜなら暴力的手段で成功しうる機会は極めて小さく、死傷者の数も増大することは明らかであろうから。それにもかかわらずある小さな集団とか何人かの個人が、爆弾を仕掛ける、あるいは暗殺を企てるというような、絶望的な手段を取るかもしれないということはあり得る。そのような行為は、実行の本人たちも他の人々も満足するかもしれないが、それらの行為はほとんど確実に、一層厳しい抑圧と政治的損失とをもたらすだけである。もっと重要なことは、そのような暴力行為は非暴力闘争の効力を減殺してしまうことだろう。暴力への転換は極秘に行われ、それゆえ抵抗者の数も減り、参同者だけの小さな秘密集団になってしまうだろう。絶対的に必要なことは、非暴力という規律は堅持されるべしということである。

最悪の状況においてさえも、何らかの形で抵抗運動を継続することが極めて重要である。ある極端な状況下ではあるが、時には一部で、「文化的抵抗」という形態を取ったらどうだろうか。つまり人々が言語・習慣・信念・社会組織・宗教儀式といった自分たちの生活様式の大切な構成要素を断固保持し続けるのである。同様にまた抵抗運動の根拠地であった大きな集団と組織とが無力化され、支配され、あるいは破壊されてしまったというような場合においては、非暴力行為は、個々人によって、あるいは極めて小さなしばしば短命な集団によって行われるだろう。これは「ミクロ・レジスタンス」と呼ばれている。そのような大いなる困難な時期の全てを通じて最も重要な事柄は、人々の気概の堅持、自分たちの社会の支配権を取り戻すのだという人々の希望の堅持、どんなに不確実であっても最終的には必ず支配権を取り戻せるのだとの自信の堅持である。こういった極端な状況をいかに上手に乗り切ったらよいのか、本格的な問題解決的な研究と戦略的な研究とが、今こそ要求されている。

やがては状況の変化・予期しない出来事・新しい抵抗の創始・再活性化した気概と活力とは、防衛活動を強化し、さらに闘争遂行のより大きな力量を生みだすことになるだろう。闘争が最大の危機を迎えたまさにその時に、非暴力抵抗者に有利な重大な変化が、目には見えないままに進行していることがある。そういった変化には、攻撃者自身の陣営内での、疑心暗鬼・意見の不一致・抗議・異議の出現あるいは激化が含まれるだろう。

極度に困難な時期が来ようと来まいと、防衛者たちの力量が増強されるに伴って、戦略の変更が要求されるだろう。例えば主に選択的抵抗という限定された運動に集中するのではなくて、しだいに広汎な抵抗運動を行う機会がくるだろう。好ましい状況であれば、ノックアウト・ブローを見舞う総力的非協力へと移行することも可能かもしれない。そうでない場合なら、別の終盤戦略が要求されるかもしれない。いずれにせよ防衛闘争を成功裏の帰結へと導く、特定の段階を作り出すことが重要であろう。

〈市民力による防衛〉への国際的支援

〈市民力による防衛〉政策を採っている国々は、二国間の、多国間の、地域間の、そして世界的な拠点に依拠する極めて多様な国際的な活動に参画することができる。そういった国々は、単に軍事能力を持っていないという理由（進んで非武装の道を採ったのではないにしても）で、孤立主義である必要はない。それらの国々の国際的活動の多くは、抑止と防衛の必要性とはほとんど直接的な関係はないだろう。例えばいくつかの活動は、緊急の必要性に応え、紛争のもとになっている争点を解決し、根拠のない疑惑と誤解とを正そうとし、そして相互理解と友好関係を推し進めようとするだろう。こう言った活動は、将来における国際的紛争の頻度と強度とを減少させることができるだろう。

そういった国々の国際協力と国際支援には、直接的に市民力による防衛の準備と実行とに焦点を当てようとするものがいくつかあるだろう。この防衛政策はその性格からして、通常の軍事的防衛問題に付きものの秘密主義の如きものを不必要にしている。このことはすでにこの政策を実行している国々および目下研究中の国々との間での、知識と情報との広汎な共有を可能にする。そのような国々は互恵的に、研究結果・政策分析・準備と訓練計画・潜在的攻撃者に関する知識を共有することができるだろう。彼らは、特殊な攻撃形態に抵抗する戦略・防衛効果を最大限にする手段・抑圧に直面しても抵抗運動を堅持する方法・攻撃に晒されている社会の必要物資を支援する措置に関する情報を共有することができる。

基礎研究およびそういった地域での緊急事態の対策、事前の準備と訓練は、初めは単独国家・私的組織・いくつかの国家・協働する同盟国家によって、また地域的な諸組織あるいは国連の諸機関によって行われるだろう。それら同様な組織体はまた、条約の取り決めによって、あるいは特殊な危機への対応として、攻撃に直面している〈市民力による防衛〉政策を採っている国々への非軍事的支援を提供することができるだろう。

適切な形態での援助には以下のものが含まれる。（1）攻撃されている国家への印刷と放送施設の提供、（2）食糧と医療用品の供給、（3）防衛闘争および攻撃者の行動に関するニュースの外部世界への送信、（4）攻撃者に対する国際的な経済制裁と外交制裁との動員、（5）攻撃者側の軍隊・軍属・住民への攻撃に関する情報の伝達（問題の核心・行われている抵抗と抑圧の形態・攻撃者の平素からの支持者間に異議出現のニュース・攻撃の終焉と国際的友好協力関係の復活への援助を求める嘆願の報告等）。

その様な国際的支援は全て極めて重要ではあるが、防衛の主な重荷は攻撃されている社会の人々が担わなければならない。市民力による防衛においては、自力防衛・確かな準備・本物の強さに代わるものはない。

成功と失敗

よく準備され巧みな市民力による防衛に直面した時、攻撃者が遭遇するもろもろの難事は、過小評価されてはならない。防衛者がみずからの抵抗力を動員する力量、および直接的間接的に攻撃者の〈権力の源泉〉を弱体化させる力量は、権力関係に劇的な変化を生みだすことができる。内部の真の強さ・戦略戦術の英知・抑圧下での規律と粘り強さ・敵方の弱点を狙い撃つ力量があれば、市民的防衛者たちは敵方を妨害し、最終的には打ち負かすことができるだろう。

ところで成功と失敗というこの言葉は、この〈市民力による防衛〉政策の論議中では正確な意味を込めて用いられなければならない。このことは、所与の条件下で用いられた市民力による防衛の有効性を評価するためにも、この政策を軍事的防衛と比較するためにもぜひ必要である。

市民力による防衛における成功は、防衛者たちが実際にみずからの目的を達成したのかどうか、つまり攻撃を崩壊させ、彼ら独自の原則と組織とによって生き抜く自治能力を回復したのかどうかによって測られる。

他方、市民力による防衛における失敗は攻撃者が彼らの目標を達成したことを意味する。

軍事闘争でも同様であるが、市民力による防衛を用いたあらゆる試みが成功するわけではない。第三章で論じたが、この種の闘いは他の場合のように、効力発揮の必要条件が満たされている時にのみ成功できるだろう。軍事的敗北は、厖大な物理的破壊、人命の損失、士気の喪失、勝ちきれぬと観念したことによるだろう。そのような事態は、市民力による防衛の失敗の際にも起きることがあるだろうが起きるとは限らない。

それと違って一方の側が一時的に力を得たりあるいは失ったり、そして当面の目標の一部しか得られないという時もあるだろう。市民的防衛者たちは、大きな苦難や多数の死傷者の出る困難な時期を耐え抜くよう要求されるかもしれない。しかしながら市民的防衛者たちが防衛意思を堅持している限り、彼ら自身とその組織とを強化し、非暴力闘争を遂行する能力を向上させることができる。防衛者たちは勇気を奮い起こし、脅迫と抑圧とに直面してもたじろがず、さらに新たな戦略を用いて運動にとって遙かに有利な状況を作り出すことができる。

明白な敗北であっても永久的ではない。防衛者たちはある時点において目的を達成できなかったとしても、後日のある時点においてその目的を達成するということはあり得るだろう。抵抗精神と社会の独立組織の回復力とが堅持されているその程度に応じて、人々は次の好機において防衛闘争を再開できる。その間には、休息・攻撃から立ち直る社会の強さとその力量の復活・新しい戦略の展開・新しい到達可能な目的（初めは限定的だろうが）の選択が必要となるだろう。それらが首尾よく行けば、もっと野心的な目標を持った戦略の採用へと至ることができよう。言い換えれば、市民力による防衛における決定的敗北は、人々と社会とが生き残っている限り、決してあり得ない。チェコスロヴァキアにおける事前の準備なき非暴力闘争の事例は、この一例を与えてくれる。一九六八〜六九年、ワルシャワ協定軍の侵略、そして続いてドプチェク首脳部が崩壊し[15]、苛烈なフサーク体制が続いた。七七憲章のメンバーのような自由の擁護者たちは、屈辱を受け投獄された。しかしながら一九八九年末、大衆的非暴力運動が復活し、このたびは遂に共産主義支配を崩壊に追い込み、チェコスロヴァキアにおける政治的権利を復活させたのである。

非暴力闘争の間、防衛者たちは部分的には成功したものの、大きな損害を受けたというような時期もあるだろう。そのような時に特に大切なことは、自分たちの成し遂げた成果とその強さとをしっかりと認識することである。過去の非暴力闘争で時々起こったことであるが、人々は善戦し大きな成果をあげたものの、まだ完全に目標を達成していなかったので、人々は負けてしまったと思い込んだ。人々はすっかり落胆し、彼らの抵抗運動を衰退させ、あるいは崩壊させてしまった。実際、彼ら防衛者たちは降伏し、それによってみずから敗北を招いてしまったのである。そのような事態は、市民力による防衛では回避されなければならない。

進行中の闘争の真っただ中で、市民的防衛者は、自分たちが今どの点にまで成功裏に到達しているのか、以下の諸点を検討することで判断するのがよい〔番号は訳者〕。

1 市民的防衛者は一体どの程度まで、彼らの抵抗意志を堅持・弱体化あるいは強化しているのか。

2 攻撃者の間で、さまざまな個人と集団は一体どの程度まで攻撃を継続し、元来の目的を追求する意思を堅持・弱体化あるいは強化しているのか。

3 守りについている社会の独立組織（遍在する権力核）は一体どの程度まで、その闘争力量を、そして攻撃者に必須な〈権力の源泉〉を拒否する力量を、堅持・喪失あるいは増強しているのか。

4　防衛者と攻撃者はそれぞれ一体どの程度まで、良き戦略的判断を、あるいは不適切な戦略的判断を下しているのか、また一体どの程度まで、各々の戦略的判断を低下させているのか、あるいは向上させているのか。

5　市民的防衛者は一体どの程度まで、非協力と公然たる拒否を行う能力を、規律化された行動への力量を、そして非暴力闘争において効力を発揮するための必要条件を満たす能力を増強しているのか。

6　攻撃者側の一般住民・抑圧の実行者・行政官たちは一体どの程度の、高い士気・攻撃への支持・積極的援助を感じているのか。あるいは逆に、一体どの程度の、低い士気・不同意・不信感あるいは攻撃への反対を感じているのか。

7　攻撃者と防衛者とのそれぞれの国際的友人・経済的あるいは政治的に必要な同盟国は、一体どの程度までこれまでの関係を継続し、援助を提供しているのか。あるいは一体どの程度まで彼らの行動を非として、協力を中止しようとしているのか。

8　防衛者は一体どの程度まで、彼らの自治能力と経済的必需品への対応能力とを堅持しているのか。

9　攻撃者の世論操作と抑圧手段は一体どの程度まで成功しているのか、あるいは防衛をやめさせ攻撃者の目的を獲得するのに一体どの程度まで効果がないのか。あるいはそれらの操作・抑圧は、実際には防衛者の抵抗運動を増大させ、攻撃者の自陣内での反対を喚起させ、かつ国際的な抗議行動を引き起こしているのではないか。

10　防衛者は抑圧と残虐行為とに直面して、一体どの程度まで抵抗運動を継続させ、あるいはさらに増強させているのか。

11　攻撃者の元来の目標（経済的・政治的・イデオロギー的等々）は一体どの程度まで達成されたのか。

12　この闘いでどちらの側が主導権を行使しているのか。

前記の問題に対する解答で、防衛者はかなりの得点を得たが、減点もかなりあるということが判明した時、防衛者は成功の機会を大きくするために、行動の修正を図る時である。防衛者はその時、以下の手段を取る必要がある。すなわち防衛者一人一人の力の増強、社会の力の維持・拡大、攻撃者への最も適切かつ効果ある手段の確認と実行、防衛者側の戦略的判断の向上、攻撃者の弱点への集中的抵抗、そして慎重さ・勇気・不退転の決意をもっての行動。

〈市民力による防衛〉闘争の最終結果を評価するための基準は、攻撃者を肉体的に破壊したのか、あるいは優勢な軍事力に降伏したのかを確認することよりも優れている。この独特な〈市民力による防衛〉闘争が成功したかどうかは、以下の質問への解答によって決定されよう〔番号は訳者〕。

1　防衛者は、攻撃者の体制の正統性を拒否し続けているか、そして彼ら自身の規律への信念、および彼ら自身の体制と政策とを選びとる権利への信念を堅持し続けているか。
2　防衛者は、占領下あるいは簒奪体制下にもかかわらず、みずからの社会の自律性を堅持し、その要求に応えているか。
3　攻撃者は、彼らの目標（経済・政治・イデオロギー等々）を達成したのか、あるいはその目標を拒否されたのか、そしてその程度はどれほどなのか。
4　攻撃者は、重要な国際的支援を得ているのか、あるいは失っているのか。
5　攻撃者の攻撃遂行の意思は、堅持されているのか、あるいは変わったのか。
6　防衛者は、何らかの形態での代用政府の確立・強化を阻止しているか。
7　攻撃者の軍隊は撤退したのか、あるいは崩壊したのか。
8　攻撃者は、将来においても同じような暴挙を企てそうであるのか。
9　攻撃者の体制は生き残るのだろうか、あるいは交代させせられるのだろうか。

全ての〈市民力による防衛〉闘争が、前記基準によって測定される明確な成功あるいは失敗に終わるわけではない。むしろ第三章で示したように、時にはある程度の成功と失敗ということもあるだろう。

〈市民力による防衛〉による成功の最も重要な一つの要素は、攻撃を受けた社会が敵軍に支援された無慈悲な潜在的支配者が存在していても、自己決定権と自治権とを堅持できるか、である。この力量は、人々および社会の集団・組織（第二章、第三章で論じた〈遍在する権力核〉）の強さと決意とによって決まる。

攻撃者の目的を阻止する〈強さ〉はさまざまな形態を取るだろう。以下のものはそのほんの数例である。すなわち攻撃者による新体制の正統性獲得の試みは阻止され、人々は攻撃以前の合憲体制への忠誠心を依然として保持している。いくら強制しても以前の官僚体制と政府機関とを全く利用できず、新しい政府を強要しようとする努力は失敗する。政府諸組織は正統的政策と法とを用い続け、攻撃者の代用品の実施を拒否している。社会全体が攻撃者によって作られた新しい如何なる官僚制度あるいは政府機関をも孤立させ無視している。攻撃者の検閲と禁止令にも拘わらず、事実上の報道出版の自由が機能し続けている。秘密の放送局から、あるいは同情的な隣接する諸国家の領土から、抵抗運動を支援するラジオ・テレビ放送が続けられている。宗教組織を支配しようとする試みは、宗教団体と一般信徒とによる大規模な公然たる拒否に遭遇する。全ての野党を禁止しようとする試みは、人々の間に高まった政治的関心と政治的活動に、また積極的な政治的集団の増大に迎えられることになる。独立した職業集団と労働組合とを更迭させようとする試みは、活気づいた粘り強い運動を招き、結局はより強力な抵抗機関としてしまうという結果になる。園芸趣味団体からスポーツ・クラブに至るまでのさまざまな社会集団は、当該社会の主義主張に忠実な政治関連の情報伝達と活動との中心地となる。経済機構を利用して新しい主人に仕えようとする努力は逆効果となる。なぜならストライキ・ボイコット・意図的な非効率行動・スローダウンは、製品の質と量とを低下させ、同時に経済機構を攻撃者のために動かそうとするその試み自体のコストを高めてしまい、得られるはずの利益を遥かに超えてしまうからである。そのような実例はこの何倍以上にも挙げることができる。

要するに市民的防衛者は社会支配の確立を阻止できること、有力な〈協力者〉あるいは〈代用政府〉を妨げることができること、攻撃者の政治的・経済的・イデオロギー的あるいはその他の目的を打ち破ることができること、他方攻撃者の試みに対しては、その経済的政治的な〈コスト〉を容認できないほどに増大させてしまうこと、そのようなことができることを証明している。

ある状況下では常にではないが、攻撃者は彼らの子飼いの〈軍隊と軍属〉がますますその暴挙とその中でのそれぞれの役割とに幻滅していくのを見ることになる。以前には攻撃者を支援してきた協力者たちは、状況が変わって抵抗者たちからは特別な「非協力的」活動家として攻撃目標になるにつれて、考え直し攻撃者を信頼しなくなり、そして抵抗運動にさえ参加してしまうだろう。攻撃者の本国の人々でさえ、次第に異議を唱え、暴挙に反対し始める。国際社会のメンバーも次第に攻撃を非難し始め、さらには口頭での非難から、恐らく経済的・政治的・外交的制裁などの国際的行動へと移っていくだろう。

そういった出来事のいくつかの組み合わせが起こったならば、攻撃は解体し、攻撃を受けた社会の独立性と選び採られた生活様式は復活するだろう。

第五章　「超軍備」に向けて

事前の準備なき非暴力闘争と〈市民力による防衛〉

市民力による防衛は、防衛危機が**来る前に**、研究し、考察し、そして採択に備える、一つの政策として開発されている。この政策は、実行するに当たって、住民への事前の準備と訓練とを必要とする。ところが防衛危機は、まだこの政策を採択していない国々に起こりがちであって、侵略に対して降伏・屈服は受け入れ難く、しかも軍事的応酬は明らかに無意味か、あるいは自殺的行為である時には、十中八九、**事前の準備なき**非暴力闘争で侵略とクーデターとに立ち向かうという事例が続くだろう。

将来の闘いでは事前の準備が無かったとしても、第一章で概観したような事例よりは、遙かに巧妙なものになるだろう。そう考える理由は二つある。非暴力行動と市民力による防衛の働きに関する一般大衆の知識が急速に広がっていること、そしてますます多くの国がさまざまな目的のために非暴力闘争を行って直接的経験を積み重ねてきていることである。

しかしながら、事前の準備なき非暴力防衛闘争は市民力による防衛ではない。ほとんどの場合、準備なき非暴力抵抗運動は、よく準備された〈市民力による防衛〉政策よりも遙かに弱体である。なぜなら準備なき非暴力抵抗運動は、事前の準備と周到な計画という強みを持っていないからである。例えば事前の準備がなければ、いかなる抑止効果もあり得ない。抑止効果があれば、始めから攻撃を防げたかもしれない。同様に、数年にわたる計画と準備の過程で獲得される技術・訓練・戦略的判断・資源、こういったもの全てが、事前の準備なき非暴力闘争には欠けているのである。

計画と事前の準備とはしたがって、軍事活動においても同様であるように、非暴力防衛闘争を遙かに大幅に効力あるものにするのである。事前の準備の成果には、以下の事柄が含まれよう。すなわち、抑止効果と諫止効果の強化、戦略的な判断と計画、心構えの準備（混乱・恐怖・不安感の払拭）、社会の組織・公務員・警察・留守部隊・政府諸機関による攻撃に備えた非協力と公然たる拒否とを行うための訓練、緊急事態対処の立ち上げ、備品・食糧・飲料水・エネルギー源・交信・その他の資源の備蓄、そして〈市民力による防衛〉戦略の専門家の組織化の確立。

計画・準備と結び付けて、一つは一般大衆に向けた出版物（およびカセットやビデオなどの情報伝達の手段）、もう一つは特定のパンフレットと入門書（輸送機関・メディア・学校・宗教団体・労働者・企業等を啓蒙するものとして）、これら二つの普及宣伝は、一体どのように効果的な市民力による防衛を行うのか、という知識を広めるのに役立つだろう。この普及宣伝は、非暴力闘争遂行の必要条件と明確な戦略計画の範囲内で、たとえ初期の段階からの、ずっと人目に付きやすい指導者の何人かが逮捕されたり殺されたりしたとしても、闘争の継続を可能にするだろう。

事前の準備の利点は、防衛危機に直面している国家が、市民力による防衛を優勢な軍事政策の一つの補助的構成要素として採用するか、あるいは基本的な抑止・防衛政策として採用するかなど、〈市民力による防衛〉政策の採択を考える際に有力な論拠を与えるだろう。

〈市民力による防衛〉を行う動機

多くの場合、市民力による防衛を採用する動機は、戦場で戦っている人々の動機と、現に防衛のための軍事戦闘を支持している人々の動機と同じであろう。つまり人々は、自国を愛し、その独立を大切にし、そしてみずからの生活様式を守ろうとして（みずからの社会をよいものにしようとも望んで）、祖国防衛のために闘うのである。また人々は、防衛は我らの道義的・愛国的・

宗教的義務だと信じて闘うだろう。人々はまた、仲間同士で政治・社会政策そして根本的な原理原則についても全く楽しげに論争するものだが、団結して確信をもって、外国政府あるいは国内派閥の潜在的独裁者が我らを支配するとは断固許せぬ、と言うだろう。

以上の事例は全て、市民力による防衛に参加する有力な動機である。軍事戦闘でも同様であろうが、それら社会的・政治的動機は、しばしば個人的で私的な動機と結びついている。それらの中には、個人の生活が大切だ、偉くなりたい、自分の家族や友人たちを守るのを助けたい、そして自分の勇敢さ・行動力・犠牲的精神を証明したいという願望が含まれよう。また少数派の人たちで、個人的・宗教的・倫理的理由から暴力的手段を支持しない（つまり反対する）人ならば、市民力による防衛に無条件で参加することもありえよう。さらに市民力による防衛では、あらゆる年齢集団も、男性も女性も、非暴力闘争のさまざまな局面で参加することができる。人々の参加への動機と期待は、この防衛の性格からして参加者全員に重要な役割が割り振られるから、十分に満たされることになる。

しかしながら全ての人々にとって、この防衛政策を支持し参加する最大の理由は、侵略と国内の簒奪と闘う市民力による防衛の力量と威力とを認識することであろう。この認識こそが、全ての人々を勇気づけ、気概・決意・不撓不屈の精神を持って、防衛闘争を遂行させるのである。

根源的な変革が〈市民力による防衛〉には不可欠の前提条件であるのか?

さまざまな学識者が時々、印象深く信頼できそうな一連のあらゆる論拠のどれをとっても大衆的非暴力闘争は不可能だ、などということがある。そういった論拠には、遺伝学・育児慣習・文化・歪められた社会制度の影響・教育制度の在り方・家族構成と男女の役割・公認されている宗教的教義・支配している政治制度がある。

上に述べた大衆的非暴力闘争は不可能だ、したがって市民力による防衛政策も不可能だという「論拠」の全ては、大衆的非暴力闘争が現に存在し、かつそれが存在するが故に可能であるとすることの議論の目的からすると、不要なカードとして捨て去ってよいだろう。前記「論拠」中には、人間社会と個人生活とを改善するよい提案と関わるものもあるが、そういったよい提案は別に考えるべきであって、非暴力闘争と〈市民力による防衛〉政策との必要条件と、混同されてはならない。

学識者の中にはしかしながら依然として、〈市民力による防衛〉政策が実現可能になるには、人間あるいは世界の根源的変革が必要だという人がいる。昔ほど頻繁ではないが、たまに市民力による防衛をあまり注意深く勉強していない人がいて、実際に、「結構でしょう! それは観念の世界では、全く全く素晴らしいものです。その理想世界が出現した暁には、私も喜んでその手の防衛をお手伝いいたしましょう」と言う。

こういった友好的な評論家たちは、しばしば次のようなことを考えている。すなわち市民力による防衛が実現可能になる前に、以下の三つの根源的変革の内のどれか一つが起きていなければならないという。すなわち、（1）「人間の本性」が変革されて、人々がもっと愛情深く協力的になること。（2）国際情勢が大きく変化して、軍事組織が存在しなくなること。（3）社会制度が大きな変容を受けて、より大きな社会正義と社会的平等とが生まれること（恐らく戦争の「原因」が無くなること）。確かにそのような変革が達成されれば（多分達成されそうもないが）大変結構な話ではあるが、その三条件のどれ一つを取り上げても、市民力による防衛を実行する必要条件とはなり難い。それどころか逆に、我々は非暴力闘争が（ここ数千年間にとは言わないが）、ここ何世紀もの間に、この「現実世界」でずっと行われて来たことを知っている。我々はまた、この非暴力の技法が、敵の攻撃に対抗する防衛として、事前の準備もなく、すでにずっと行われて来たことも知っている。しかしながら我々はもう少し詳細に、市民力による防衛が実現する前に人間あるいは社会の根源的変革が必要だとする、前記三点の議論について検討することにしよう。

「人間本性」の変革が必要なのか？

社会学者・人類学者・心理学者・哲学者・神学者、もちろんその他我々全ては、「人間の本性」

とは何か、そしてどのような本性であることが好ましいのかについては意見を異にしている。しかしながらこういった魅力的な（あるいは退屈な）議論は全て的外れである。厖大な数の人々が非暴力闘争を行うに際し、人間本性の変革などいささかも要求されない。

多くの人々が誤認しているのだが、事実は逆にこうである。非暴力闘争は人間の歴史を通じて至る所で広範に生起しており、しかも少なくとも今日の我々と同じくらい不完全な人々によって、連綿と行われて来ているのである。暴力を用いないで抵抗できる能力は、必ずしも利他主義・寛容性・愛の信条・ほかの頬を向ける〔マタイ五―三九〕こと・悪排除への「自己犠牲」的願望に根付かせる必要など、全くない。

とはいえ非暴力闘争は、飼い慣らされた多くの動物（ラバだけではなく我々のペットの犬猫も含む）にも見られるような、頑固であったり、禁じられていることをやりたがったり、命じられたことを行うことを拒否したりする、人間の生まれつきの性癖には根付いている。こういった頑固な性癖は、子供たちの中に、今日でも簡単に観察できる事柄である（我々も幼けなき頃、そんなことをさんざん仕出かしたのをしっかり思い出して頂きたい。あるいは大人になった今でも多分そうする人がいる！）。幸いなことに、我々は他人と一緒に仕事もできるし、他人の幸福を第一とすることさえできる。しかし人間の頑固さは非常に普及しており、多くの場合、我々の人格の大切な構成要素でもある。頑固さは、非暴力抵抗の最も基本的な心理的基盤であり、非暴力闘争は、社会的・経済的・政治的目標達成のために、人間の頑固さを集団的に応用しただけなのである。

国際システムの変革が？

〈軍事力による防衛〉から〈市民力による防衛〉に至る全面的変革にも、国際システムの何らかの事前の変容・軍事的脅威の消滅・世界的な〈市民力による防衛〉政策の採択が要求されるわけではない。多くの国々の安全保障に関わる外的脅威は、予測可能な近未来においても相変らず続きそうである。天然資源・地域的な政治的影響力・イデオロギー・地勢・社会経済的発展モデル等々をめぐる衝突は、どうも国際舞台から消滅しそうもない。〈市民力による防衛〉政策の改良と考察とが求められる理由の中には、そういった現実がある。あらゆる社会は、この紛争に満ちた世界で、攻撃を抑止し防禦する能力を持たなければならないが、その手段はそれ自体、何年にもわたる準軍事的紛争とか、あるいは即決の大量殲滅を以ってするような、住民に脅威を与えるものであってはならない。

市民力による防衛は、そういった現実に対処しようとするものである。すなわち市民力による防衛は、社会の実際の抑止・防衛能力を強化するように設計されている。したがって潜在的な敵が採用するまで、こちらも〈市民力による防衛〉政策の採用を待ってやる理由はいささかもない。それは丁度ある政府が新しいさらに破壊力のある兵器の採用を、敵方が先にその新兵器を採用するまで待ってやる必要がないのと同じである。軍事的な「兵器体系」から市民力による防衛の〈武器類〉への根本的変革は、新しい非暴力という武器が、少なくとも古き兵器体系と同じ位に強力であると認識された時にのみ、初めて起きることなのである。

社会制度の変革が？

市民力による防衛への批判者はもちろん確信的な擁護者も、〈市民力による防衛〉政策の採用とその効力ある実行には、大いに崇高な民主主義・平等性・権力の脱中央集権化に向けての、社会制度の事前の変容が必要だと論じてきた。彼らは通常〈社会主義者・アナキスト・平和主義者のような〉ある倫理的原理あるいはイデオロギー的認識からであるが、「正義の社会」あるいは「非暴力社会」だけが、非暴力という手段で防衛され得ると主張してきた。こういった批判者のほとんどは決して、自己の議論を補強するために歴史的事例を挙げようともしない。

第一章での実例が示しているように、事前の準備のない非暴力闘争が、程々の成功を収めつつ、「不完全な」社会を内外の攻撃から防衛するために、実際に用いられてきた。それらの社会には、時には社会的不正義・階級支配・民族的あるいは言語的不均質・極端な内部紛争さえあった。このことは一九二〇年代のドイツで見られた。ワイマル共和国は全く社会的に調和のとれた社会ではなかった。それにもかかわらずワイマル共和国は正式に、一九二〇年のカップ一揆と一九二三年のフランス・ベルギーの侵略と占領に対して、事前の準備なき非協力・非暴力抵抗を敢行したのである。非暴力闘争が世界の多くの地域で、極めて不利な状況下で、時には外国の侵略や軍閥、そして国内の独裁制に抵抗して頻発したことは、将来においてもこの防衛形態の計画的発動が可能であるという証拠である。

調和ある社会・真の社会正義・強力な民主主義は遙かに容易に、〈市民力による防衛〉政策の採択と成功とに導いて行くであろうが、そういった状況は必要条件ではない。市民力による防衛は、その採用と実践のためには理想的な社会状態であることを必要としないのである。

社会的急進論者の中には、市民力による防衛は可能であると認める者がいるようであるが、いかなる手段を用いてでも現存社会秩序を守れというのはいやだという。そういった人々とその集団は、現存する社会・それによる確たる理想の侵害・その不正義とさまざまな形態の抑圧に憤懣を募らせており、彼らは彼らが以前に非難した政府と組織とを防衛すべきだという考えには苛立つのである。彼らの目的は現存体制の維持ではなくて、それを変化させ、あるいはそれを取り換えて、もっと大きな政治的自由・もっと厳格な民主主義・もっと公正な社会的経済的体制を作り上げようとしているのである。しかしながら彼ら急進的批判者ですら〈市民力による防衛〉政策を支持してしまうような素晴らしい理由がある。

社会が国内あるいは外国の独裁制を強要しようとしている者の攻撃を受けたなら、いくら最も急進的な社会変革擁護者であっても、集結してこの攻撃に晒された不完全な社会を守ろうとするのは、義務であり好機であろう。社会をさらによいものにする必要条件は、現存社会のさらなる悪化を阻止することであるから。

市民力による防衛が成功した暁には、変革の擁護者たちは、彼らの提案の支持を獲得する多くの好機があるはずである。その国の人々は、みずからの力を自覚しており、非暴力的に国内の社会変革を成し遂げ得る、遙かに強い立場に立っているのである。急進集団もまた、ある政治集団が過去にしたような、彼ら自身の確信する優越〔的教義〕の推進のためだけにそういった状況を利用してきたが、それとは全く違って、侵略者に対する市民の闘いに積極的に参加して行くことで、ますます多くの信頼を獲得するだろう。

非常に不完全な社会ですら、事前の準備なき非暴力闘争でこれを守り抜いてきた。しかしだからといって、社会的・政治的状況は、市民力による防衛の有効性とは無関係であるということを意味しない。守られるべき社会の性質と社会を守るべき市民力による防衛の力量とは関係がある。これには二つの理由がある。一つは、社会を防衛する人々の意志の強さとその潜在的な協力者の数とは、人々が現存する社会秩序にどれほど満足しているのかというその満足度に大いに影響されるだろうということ、もう一つは、至る所に広がった社会組織（遍在する権力核）の広範な力量は、社会の回復力とその防衛能力とを増強するであろうということである。したがって市民力による防衛に備えた長期にわたる準備活動の重要な部分は、社会における民主主義と正義の質を向上させるであろう。

ある軍事専門家（国際戦略研究所をロンドンに創立〔一九五八年〕した故オクスフォード大学軍事史のノーマン・ギブス教授と、故アラスター・バカン閣下）は、次のような見解を持っていた。すなわち市民力による防衛のさまざまな準備活動は、通常の平和時社会内において、社会が権力の脱中央集権化へと進んでいくことを要求するだろうと。両氏は、市民力による防衛に反対せず、その措置に独自の価値があると見ていたが、〈市民力による防衛〉政策の採択に伴う、そのような必然的な社会的・政治的結果は、きちんと認識されるべきであると論じていた。

不正義を無くし権力を社会内に分散させるという措置が取られていない場合でも、効果的な非暴力闘争は、依然として可能である。攻撃を受けた人々が、まずは攻撃者を打倒し国内問題の処理は後回しという愛国心の高揚と多くの人々の確信とを感じ取った時に、この非暴力闘争は起こるだろう。実際、市民的防衛闘争は、必要とされる〈自信と自力防衛〉とを人々に与え、防衛危機が無くなってから社会の民主化に尽くすようにさせるのである。

このことはしかしながら、あらゆる政治体制が、非暴力闘争で成功裏に防衛できるのだということを意味するものではない。最も明白な否定的事例は、極端な〈独裁制〉の場合である。独裁制は、数々の残忍行為で人々の間に深刻な憎悪を生みだしており、かつ市民力による防衛を動員させ実行させる〈遍在する権力核〉として機能している社会の独立組織を、厳しく制限し廃絶してきた体制である。こういった独裁体制下では、人々の間に体制を防衛しようとする意志も力量も見出し得ないように思われる。

しかしながら極めて抑圧的な体制下で生きている人々であっても、外国からの攻撃に対しては、事前の準備なき非暴力闘争を行うかもしれない。人々が侵略者に対してかなりの嫌悪感を抱いている場合、人々は自己決定権を守り抜こうと、みずから立ち上がるだろう。〈権威主義体制〉[1]の支配する社会への侵略は、まさに侵略されたことによって、現政府とは区別された祖国のために、熱烈で効果的な準備なき非暴力防衛闘争を誘発するだろう。この闘争の過程で人々は、新しい独立した組織を作り出し、その諸組織は同時に、防衛するための機関となり、これまでの権威的政治体制を作り直す機関ともなるであろう。こういった一般大衆を巻き込んだ動員体制は、今度は次第に政治活動に関与して行き、新しい自律的組織を作り上げつつ、さらに以前の権威主義体制を決定的に変化させ、あるいは交代させてしまうだろう。

あるいはまた、高度に中央集権化された社会の指導者たちは（ゴルバチョフ[2]治下のソヴィエト連邦やスペインのフランコ[3]の継承者が示したように）、脱中央集権化と民主主義体制へと慎重に移行させることができるかもしれない。そのような改革体制は、もし本当に根本的改革に取り組もうとするなら、〈市民力による防衛〉政策のいくつかの構成要素の導入すら考慮してみるのもよいであろう。その改革政府はその場合、恐らく不満を持っている人々の激励あるいは支援を背景に、それ自身の主導権に基づいて行動して、まずは人々の不満を解決し、組織の脱集権化を図り、政策決定への人々の政治参加を推し進め、そして社会と〈市民の闘いによる社会の増大しつつある〉自由とを防衛する人々の願望と能力とを発展させるだろう。この改革は、支配している政党・政治警察・軍部の中の強硬派によって起こされ得るクーデターを阻止するのに、とりわけ重要であろう。

ここで明確に指摘した以外に、本書の以下の節において、我々は、〈民主主義国と呼ばれるに相応しい資格を持つ政治体制内〉での、市民力による防衛の問題点を論ずることにしよう。

超党派的方法による〈市民力による防衛〉政策の考察

イデオロギー的な偏見無しで、市民力による防衛政策は可能であるとする論拠が、その潜在的有効性に基づいて提示されるなら、そのような政策は当然ながら、民主的社会における広範な政治的意見を越えて、幅広い支持を得られるだろう。その政策の長所について公正な考察を可能にするためには、〈市民力による防衛〉計画の提示と評価とが、「超党派」的な態度でなされることが極めて重要である。この政策は、いかなる特定の政治的・イデオロギー的集団あるいは思考とも、結びつけられてはならない。しかしながら、それぞれの国家・政治的集団その他が、その政策は全く我々の理想あるいはイデオロギーに一致するとか、何とか取り入れたいものだ、と分別を持って主張するのはよいが、しかし彼らが、その政策はもっぱら我々だけのものだ、などと主張してはならない。一般的に市民力による防衛は、軍事的手段や過去の戦争に対して極めて多様な政治的見解と異なった態度とを取っている集団や個人に対しても、市民力による防衛を実用的でかつ魅力的なものにする、という方法で提示されるのが一番よい。

非常に大切なことは、いかなる平和団体あるいは平和主義者団体も急進的政治集団も、我こそが市民力による防衛の第一位の提唱者だと名乗るべきではないということである。またこの新政策は、保守主義者・現防衛機構の高官・将来この政策実行の責任を持つだろう独立した社会集団と組織とを排除するような形で提示されるべきではないということである。

社会の全ての部門が、市民力による防衛の研究・評価のみならず、その政策の準備・実行にも重要な役割を果たさなければならない。実際、社会の多くの部門がこの政策の採択に加わることが絶対的に必要である。市民力による防衛は広範な国民的合意に基づかなければならない。なぜなら市民力による防衛は、特殊な集団だけではなくて、全ての人々と社会のさまざまな組織とによって行われなければならないからである。そのような国民的合意と一致団結は、純粋な党派主義的方法に基づいて打ち建てられてはいけない。社会の現行防衛政策への強烈な批判者は、現行政策への熱心な支持者と一緒に参加して、新しい〈市民力による防衛〉計画への厳しい調査と討議とを始めなければならない。

〈超党派的方法〉は、社会の中にある重大な政治的相違を無くしたり、あるいは無視するものではない。むしろ超党派的方法は、市民力による防衛の発展と採択とを支援する多様な見解を持つ人々を、合体させることを目的としている。例えば次のように仮定してみよう。現在のこの政策提案は、市民力のほんの小さな構成要素を、社会に現存する優勢な軍事的防衛態勢に統合することであると。市民力による防衛の全面的採用を主張する集団は、学ぶにつれて市民力による防衛への人々の信頼がますます高まって来ているから、ある時点においてこの政策への全面的転換が重大な政治的可能性となるだろうという理由で、このささやかな構成要素の統合を支持することになるだろう。他方、現行軍事政策の現在の支持者は、心からこの小さな市民力構成要素の合体を支持するだろう。なぜならその統合は、現行軍事態勢に、さらにもう一つの層の抑止と防衛とを追加することになるからである。もっとも現行軍事政策の支持者の中には、その小さな市民力構成要素の受け入れで話はお終いだと、願ったり要求したりする人もいるかもしれないが！

この初めは小さな〈市民力による防衛〉の構成要素を拡大するのかどうか、あるいは遂には全面的採択に移行するのかどうかは、将来の決定に待つことになろうが、その時その決定は、おおよそ、現有〈市民力による防衛〉の構成要素によって明らかにされた長所、および市民力による防衛の力量に関するその後の研究成果と政策研究とによって明らかにされた長所に根拠を置くことになろう。〈市民力による防衛〉の構成要素の拡大はこうして、多くの人々の心の中で一層現実的なものになって行くだろう。つまりかつては考えられもしなかった事柄が、次第に明白で現実的な選択肢となって来るのである。

この政策を拒否・保留あるいは全面的採用かという最終的決定は、市民力による防衛が内部のクーデターや外国の侵略に対する抑止と防衛とに適切と見なされるかどうか、その程度によって決まるだろう。本書は、次のような仮定に基づいている。すなわち、いかなる国家も、実行可能で、改良された〈市民力による防衛〉政策への確固たる信頼を持たなければ、および持つまでは、永久にその軍事的選択肢を放棄しないであろうと。

ほとんどの状況では、新しい防衛態勢の採択は、社会の現防衛機構の参加がないと、ほとんど達成されないようである。非暴力抵抗の構成要素を防衛政策の中に付加しているスウェーデン・オーストリア・スイス・ユーゴスラビア[4]からの準備段階での証言は、市民力による防衛の検討と開発への国防省の参加が、実現を可能にし、また建設的にしていることを示している。軍の組織とその要員が、ノルウェー・フィンランド・他の数か国で、この〈市民力による防衛〉政策の厳しい検査に加わっている。

軍人が市民力による防衛の検討と導入とに参画する場合には、例外があるようだ。すなわち新しく独立した国家で軍隊がない場合、国際協定によって永久に非武装化された国家の場合、あるいは地政学的状況と軍事的現実から実動軍事力の創設を考慮外におく場合である。それとは別の例外は、軍隊が独裁制を人々に強要しようとする主要な手先として行動している事例にあるようだ。明確な革命的状況では、そのような軍事集団はしっかりと打ち負かされ、解体されてしまうだろう。事実上そのほかの全ての状況では、しかしながら「超党派的」方法が要求される。この超党派的方法は、伝統的な支持の壁と政治的提携関係とを乗り越える必要がある。この方法はまた、社会のさまざまな政党、既存の軍事的防衛に関わる組織、さらに非政府組織、要するに社会の全ての国家ないし非国家組織、そして一般大衆を含むものでなければならない。

超軍備の過程

〈軍事力による防衛〉から〈市民力による防衛〉への全面的移行の過程は、「超軍備」と呼ばれる。超軍備は、もしこの用語が防衛能力の縮小、あるいはその放棄として理解されているなら、「軍備縮小」ではない。そうではなくて超軍備は、軍隊と兵器に依存する軍備から、第三章で略述した、心理的・社会的・経済的・政治的武器を用いる、全住民に依拠する軍備へ、という「軍備」の類型を変革する過程である。

この議論は以下のことを想定している。すなわち超軍備は、政府が市民力による防衛を選びとり、かつその準備を行うという大きな役割を果たしている所で、民主的になされた決定に従って進行するということである。しかしこれが一般的な様式である必要はないものの、社会の支持と参加なしに行われた政府主導の計画は完全ではないし、効果的に実行され難いものとなるだろう。

いくつかの事例では、とくに政府の民主的な質が限られている場合には、政府の判断と意思決定に先んじたり、あるいは並行したりして、社会集団と組織とが市民力による防衛の準備を推し進めるだろう。職業的・専門家的集団を含む非政府組織の勧告は、政府の採択した政策の基礎として役立たせるために、果たして総合計画の中に統合できるかどうかを決定すべく、調査検討されるだろう。しかしながら最も多い事例では、政府の主導権が非政府組織による検討よりも遙かに先行し、もっと特殊な計画を推し進めるための全体的枠組みを与えることがあるだろう。

明らかに〈超軍備〉の過程・理由・範囲・時期は、一つの状況から他の状況へと非常に広範に及ぶだろう。それらはかなりの程度、状況と現在の政策の能力とに依存するだろう。しかしながら最も重要なことは、市民力による防衛の理解の程度、および潜在的攻撃者に対するその抑止能力と成功裏の防衛能力との評価であろう。

ほとんどの事例では〈市民力による防衛〉は、〈軍事力による防衛〉の完全な代替として、すぐには採用することができないだろう。国防体制の全面的転換の複雑性、そして〈市民力による防衛〉政策のかなりの未実証性を考えただけでも、〈軍事力による防衛〉の急速な転換はほとんど不可能である。軍事体制の急速な放棄は可能だとするいくつかの議論は、誤った前提から引き出されている。それらには、そのような移行は平和主義への集団的〈回心〉によって起こる、あるいはその移行は非暴力抵抗を他の目的に用いている内に「自然に」起こってくる、あるいは社会革命は軍隊の必要性を無くす、という見解を含んでいる。しかしながら非暴力防衛闘争への移行は、宗教的な非暴力への個人的で大規模な〈回心〉を基盤にして、最も起こりそうであるが、そういった歴史的証拠は全くない。また市民力による防衛への転換は、インド・イラン・その他の地での経験が示すように、外国の支配者や国内の独裁制からの解放をもとめて非暴力抵抗を行った〈自然の〉結果として、起こってはいない。そしてまた〈市民力による防衛〉政策は、階級的抑圧と搾取（軍事体制が原因と考えられる）が存在しない、新しい社会秩序の確立を目指す革命の結果として、ロシア・中国・キューバ・ベトナム・ニカラグアの事例[5]が示しているように、出現するものでもない。

急速な転換は、ほとんどの状況において、望ましいものではない。なぜなら急速な市民力による防衛への移行は綿密に計画されていないからである。これは致命的である。適切で包括的で満足のいく準備がなければ、市民力による防衛政策は、試練にさらされた時、事前の準備なき非暴力抵抗よりも恐らく遙かに効果的ではない。その結果として起こる拙劣な準備下での防衛活動は、とりわけ弱点をさらけ出して、恐らく敗北に至るだろう。市民力による防衛の名のもとに行われるこの拙劣な準備で無能にしてかつ無力な抵抗運動は、この政策そのものの信頼性を失わせてしまうだろう。

市民力による防衛は多かれ少なかれ、軍事政策での技術革新が採用されるのと同じような基盤の上に採択されるだろう。新しい概念と新しい兵器体系は、従来の防衛想定・計画・兵器の進歩改良として理解されるに違いない。市民力による防衛に関心を持つほとんどの国々は、〈市民力による防衛〉の構成要素を、既存の全体的で優勢な軍事的防衛体系の中に、ゆっくりと試験にかけつつ統合していくという漸進的追加方式を採用するだろう。そのような構成要素は、特殊な緊急事態に対する政策の選択肢を与え、あるいは他の方法では対処できない任務への一つの補助的な防衛能力を与えようとするものである。

〈超軍備〉へのこの追加方式において、準備と訓練とが比較的穏やかな基盤の上に立って始められるだろう。既存の軍事政策は、まだそのままである。市民力構成要素は、以後ゆっくりと増大していくだろう。最初、軍事的能力は、重要性を下げることも排除されることもないであろう。それには二つの理由が考えられる。第一に、人々は市民力による防衛という実行可能な代替選択肢がきちんと整うまでは、自国の軍事態勢が縮小するのを好まないだろう。第二に、変革への意志があったとしても、〈軍事力政策〉から〈市民力政策〉への移行には、すでに指摘したことだが、かなりの時間がかかることである。準備・住民への訓練・その他のさまざまな修正（ある場合には経済的な改革など）が、展開され、実行されなければならないだろう。

〈超軍備〉において強調されるべき点は、まずは新しい〈市民力による防衛〉政策の展開に伴って、効果的な防衛能力が漸次増強されて行くのであって、軍事兵器の縮小あるいは放棄ではないということである。そうであるからこそ、新しい非暴力の抑止・防衛体系への、それに相応しい確信が引き続き深まっていくのである。次第に大きくなって行くこの新政策の、抑止・防衛能力への信頼が広まって行けば、現有の軍事兵器は徐々に必要性を減じていくと見なされよう。超軍備の最終過程へと向かう状況は、まさにこのようであって、その時点において軍事兵器は、弓や矢のような〈骨董品的武器〉として漸次縮小され放棄されていくだろう。

差し迫った攻撃に晒されていない国々なら全て、防衛政策を転換するか否かについての理性的な評価と決断との時間は十分にある。本章は、市民力による防衛を検討する時間が、また市民力による防衛の能力・変革力・必要条件・戦略的原理を研究する時間が、十分にあるという仮定に立っている。

市民力による防衛の採用が漸次増大していく段階では、重要性と継続期間とはさまざまであろう。あらゆる国とあらゆる状況とに対応できる、各階梯と所要期間とを示す青写真は一切ない。注意深い独自の計画がそれぞれに要求されるだろう。しかしながら一般的に言って以下に挙げる要素は検討・採択の過程の中に含まれるだろう。〔番号は訳者〕

1 研究。
2 大衆教育。
3 政策と実現可能性の研究。
4 公私の組織・正式機関・国防省・立法部による評価。
5 控えめな市民力による防衛の構成要素の導入（恐らく特定の目的のための）。
6 住民への準備と訓練。
7 市民力による防衛を行使するために、他の目的を付加するか否かの検討。
8 軍事力と市民力とによる防衛の双方の構成要素をそのまま維持することの望ましさと実現可

能性との検討、あるいはさらに、全面的に市民力による防衛へと移行するか否かの検討。

9 そういった政策決定に関する立法部と行政部の行動。

10 市民力による防衛の力量の強化。

11 防衛政策の統一。

現在および近未来のための安全保障上の必要性に対応するために、〈軍事力あるいは市民力による防衛〉の長所・短所、適性・不適性についての比較分析には、多大な注意が払われなければならない。このことは、社会がまず市民力による防衛の準備を始めることを決定した最初期の段階においても、また新しい政策だけで適切かどうかを決定する、終りに近い段階においてもまた当てはまる。市民力による防衛が、ある特定の国家の安全保障上の必要に適切であるのかどうかを評価する際には、以下の諸要素が必要不可欠である。すなわち、〔番号は訳者〕

1 国家の対外状況と安全保障上の脅威、その性質と状況。

2 国家の国内状況と主権簒奪の危険、その性質と状況。

3 抑止と防衛とにおける国家の了解済み選択肢。

4 如上の防衛上の必要に応える、市民力による防衛の実行可能性、その評価と認識。

政策検討と超軍備のモデル

政策検討と部分的あるいは全面的超軍備とに関する、あらゆる国家と状況とに対応できるような、ただ一つのモデルを作りだすことはできない。しかしながら、市民力による防衛を国家の防衛政策の中心的な要素とするのか、あるいは広範で優勢な軍事政策の中での重要な構成要素とするのかといった、いくつかの一般的なモデルを考えることはできる。少なくとも四つの一般的モデルがある。〔番号は原著者〕

1　ある特殊な状況とか条件のため、実行可能な軍事的選択肢または同盟という選択肢がない小国家による国家的防衛政策として、全面的に比較的急速に、市民力による防衛を採用する場合。

2　優勢な軍事的防衛政策に、市民力構成要素を付加して、一つの、あるいはもっと特定の目的に対応させようとするものであって、全体的政策の中でこの構成要素を拡大してさらに広範な役割を与えようとする意図が全くない場合。

3　最終的には全面的超軍備を目標として、〈市民力による防衛〉の構成要素の段階的導入および漸次的拡大。

4　いくつかの近隣する国家が、〈市民力による防衛〉の構成要素を同時的に導入しつつ、協議による段階的な多国間的な超軍備、その後に恐らく軍事兵器の段階的縮小が図られる。

以下ではこれら可能なモデルについて、簡単ながら、もう少し詳細に検討することにしよう。

〈市民力による防衛〉の全面的で急速な採択

〈急速で全面的な超軍備〉は、重大な軍事的選択肢がない国々、あるいは軍事的選択肢が取られた場合、相当な壊滅状態を招いてしまいそうな国々で、最も可能性が高そうである。この政策の採択は、コスタリカやアイスランドのような軍隊を持たない小国家で可能であろう。現在のところ、そのような国家は、非常に強力な国内警察力と外国の援助という選択肢（コスタリカ）[6]に依存しているか、あるいは外国との軍事提携への加盟（アイスランド）に依存しているかである。両国のその協定は、現実的に行動の独立が主たる目標である場合には、不利な状態となるだろう。

超軍備政策の急速な採用は、将来新しく独立しそうな国家（パレスチナ・エストニア・ラトビア・リトアニア・アルメニア・香港・チベット）でも起こるかもしれない。[7] それらの国々は、ことによると（もとの支配者である）軍事的に遙かに強力な隣国から引き続き脅威を受け続けるかもしれない。しかしこれらの国々は、適切な自力的軍事的防衛能力を打ち建てる方法がない。もし小国家が、ほかの軍事大国と同盟を結んだら、もとの支配政府は当然ながら脅威を感じるか、あるいは侵略さえ引き起こすかもしれない。そういった状況下に置かれた国々は、実行可能性のある注意深い政策研究と考え抜かれた検討の末、軍事政策に替わる、現実的で遙かに完璧なものと考えられる市民力による防衛へと行きつくかもしれない。そうなればもはや、激しいだけで効果のない外交辞令を弄したり、外国の侵略や国内の権力簒奪に抵抗もできずに屈服したりする必要は無くなるであろう。

そのような新しく独立した国家が、市民力による防衛を採択しようとする場合そのやり方は、長期にわたる確固たる国家構造をもつ国家よりも、遙かに柔軟なものになるであろう。ある場合には、政府主導による市民力による防衛の研究が、非政府組織による検討に先行するかもしれない。そういった政府の主導力は、次いで、もっと特殊な計画を推し進めるための全体的枠組みを与えるだろう。人々と社会の組織とはこれを受けて、提示された防衛政策の善し悪しを見極めて、その防衛政策の中で自分たちが果たすべき役割に向けて準備することができるだろう。

そのほかの場合では、〈市民力による防衛〉採用の主導権は、人々と社会の独立した組織とから出てくるかもしれない。（恐らく独立闘争の経験に基づいて打ち立てられた）この主導権および最初の諸準備すら、政府の評価と意思決定とに先行することも、あるいは並行することもあるだろう。このような場合には、独立した組織と職業集団との勧告はその後、政府の採択した政策の総合的国家計画の中に統合されていくだろう。

市民力による防衛が一つの政策であり、過去の歴史的経験に優る、（ほとんどの現代の軍事兵器の技術革新に見られるような）準備と訓練の基盤の上に防衛力を計画するものであるとするなら、正確にこのモデルに倣った、そのような市民力による防衛の採択事例は、今のところ一つもない。しかしながら第一次世界大戦後のドイツの状況は幾分かは、それと比較可能である。その時ドイツはまだ軍隊を持っていたが、ヴェルサイユ条約の規定によって、ドイツの軍事力は徹底的に弱体化され、(8) 大きな国際的な要因とはなり得なかった。ドイツ軍は、いくつかの理由から、一九二〇年のカップ一揆でワイマル共和国を転覆しようとした私兵団・義勇軍(フライコール)と闘おうとさえしなかった。一九二三年、ドイツの軍隊は弱体化し過ぎて、ルールに侵入したベルギー・フランス軍への迎撃に派兵すらできなかった。この両事例において、政府と政治的指導者とは、唯一の現実的選択肢として、事前の準備なき非暴力防衛闘争を主導したのである。

将来、新しく独立する国家は、以下に挙げるいくつかの理由から、一九二〇年代のドイツが置かれた状況よりも、遙かに有利な状況にあるだろう。すなわち遙かに多くの歴史的経験があること、非暴力闘争と市民力による防衛との本質が遙かによく理解されていること、そして防衛闘争を行うため、人々に準備と訓練とをさせる時間があることである。

特殊な目的のために市民力構成要素を付加すること

通常、市民力による防衛の理論家によって提示される一般モデルは、全面的超軍備の政策化のためには数年間はかかると見ている。彼ら理論家の議論は、効果的防衛という観点に基づいて、

〈軍事力による防衛〉と〈市民力による防衛〉とを永久的に結合させるよりは、むしろ〈全面的な超軍備〉を良しとする。しかしながら市民力による防衛への関心は、初めから全面的移行を考えているそれら少数の国々に限られるものではない、ということは明らかである。市民力の構成要素を優勢な軍事政策に付加することに関心を持つ国々も多くあるということである。

市民力の構成要素が優勢な軍事政策に付加される場合でも、社会や政府による初期段階の作戦における、当初の特定の目的のためのその構成要素を、ずっと保持するといった永久的な使用はあり得ない。つまりその構成要素は、後になれば、将来におけるその抑止・防衛能力を勘案して、増強・縮小・削除されたりするだろう。耐え難い程の死傷者と破壊とを招くことなく、侵略者を撃退できる程の合理的勝算のある軍事的選択肢を持っている国家なら、攻撃された場合かなりの長期間、軍事的手段に頼り続けるだろう。しかしながらそういった国家も、スウェーデン・スイス・ユーゴスラビア〔解体以前のユーゴスラビア社会主義連邦共和国〕・オーストリアがすでにその政策を取り入れているように、ある時点において、その優勢な軍事的防衛政策に、永久的な〈市民力による防衛〉の構成要素を付加するかもしれない。そのような事例では、それ以外の非軍事的・準軍事的構成要素も存在している。

例えば、一九八二年春、オーストリア国防大臣オットー・レーシュは書いている。「国防計画中の軍事的部分は、市民的抵抗とさらには社会的防衛形態とを、軍事的国防の必須な補助要素と見なしている。この文脈において、そういった構成要素は、包括的国防（ウムファセンデ・ランデスフェアタイディグング）のイデオロギー的・市民的・経済的分野に、整然と統合されており、包括的国防政策の中の永久的部分を占めている」と。一九八五年に公表された、オーストリア「国防計画（ランデスフェアタイディグングスプラン）」では、「市民的抵抗は、軍事的国防の必須な補助要素である」と繰り返し断言している。同国防計画はまた、オーストリア領土の一部の一時的占領という事態が起こったら、完全に〈戦時国際法〉[9]に従って、「組織的市民的抵抗」が、当該地域における戦闘中のオーストリア軍を支援する形で、「効果的に」行われるであろうとも述べている。

スウェーデンは、一九八六年春、全員一致の議会投票で、同国の「総力的防衛」政策に、市民力の構成要素を付加した。この決議は、およそ過去二〇年間におよぶ、政党・大学の研究者・宗教団体等々はもちろん、議会と国防大臣とを含む、討議と研究が行われた結果であった。すでに閣議決定で作られていた一つの委員会は、一九八一〜一九八三年の間に国防大臣の許で、国防政策の一環として「市民の抵抗」実施計画を準備するために、活動していた。この委員会は、「総力的防衛」の関係機関はそれぞれの計画を、戦争の場合に占領されるかもしれない領土での「非軍事的抵抗」を含めた計画へと拡大すべしと勧告した。また同委員会は、計画を段階的に進める永久的委員会を立ち上げよ、まずはすでに他の市民的構成要素を総力的防衛政策に整合させている六つの「地方高等司令部」の一つから手をつけよと勧告した。[10]さらに軍事的防衛と非軍事的防衛との関係に係わる基礎的・応用的な調査と研究も、勧告したのである。〈非軍事的抵抗委員会〉は一九八七年六月一日に正式に設けられ、以下の任務を持たされた。（1）関係機関と各個人への助言・勧告を通じて、非軍事的抵抗のための諸条件を促進すること、（2）非軍事的抵抗の、国際法と心理的およびその他の条件とに関する問題を解決すること、（3）現場での研究を促進すること、である。この委員会の議長のグナー・グスタフソンは、以下のように書いている。平和時における市民的抵抗のための諸準備は、潜在的侵略者が「熟考の末、当初の侵略計画を断念してしまうほどの」「貴重な精神的覚悟を生みだした」と。

以上の事例と、以下に示す別の事例は、国防のための非暴力闘争が、ある国々において全体的国防計画の中の重要な構成要素として受容されているということを示している。

〈市民力による防衛〉の構成要素は、特殊な目的に対応しようとしたり、あるいは特殊な緊急事態に対処しようとするものであるが、軍事的手段はそれ以外の状況のために用いられる。〈軍事力による防衛〉と〈市民力による防衛〉とのそのような結合は、永久的であることが意図されており、その結合は全面的超軍備への移行段階と見なされていないことである。こういった混合政策は、次のような一つの条件下でのみ変化するだろう。つまり社会が、市民力による防衛は抑止と防衛とにおいて当初の評価よりも遙かに大きな潜在的力量を持っている、との確信を得た時である。

軍事行動と非暴力闘争とでは、成功のための力関係も必要条件も非常に異なっているので、優勢な〈軍事力による防衛〉政策の中で〈市民力による防衛〉の限定された構成要素の役割は一体何かということを、はっきりさせておく必要がある。そのような特定の目的の確認は、市民力による防衛の構成要素の採択を決定する際には必要不可欠である。特殊な市民力による防衛の構成要素の三つの目的は以下のように認定される。〔番号は原著者〕

1　防衛の第一線における状況、そこでの侵略者に対する軍事的抵抗は明らかに無益かつ自殺的である。

2　予備防禦線、そこでは軍事的抵抗が行われているが、侵略者の撃退に失敗した。

3　クーデターのような国内の権力簒奪者に対する主要な防衛として。

軍事的抵抗が無意味か、あるいは自殺的である場合。多くの国家は、潜在的攻撃者の軍事力と比較した上で、市民力による抵抗を部分的に採用するかどうか、みずからの判断に従うであろう。もし攻撃者の軍事力が比較的弱体であるなら、抵抗は当然軍事的となるだろう。しかしながら攻撃者の軍事力が圧倒的であるならば、〈軍事力による防衛〉活動は明らかに無意味かつ自殺的であろう。その時には市民力による防衛の構成要素が、防衛の第一線で用いられるだろう。

これが、第一章で触れた一九二三年フランス・ベルギーの侵略者に対するドイツ人のルール闘争と、一九六八年ワルシャワ協定侵略者に対するチェコスロヴァキア人の抵抗という、事前の準備なき非暴力抵抗の二つの事例における状況である。具体的知識の増大、実現可能性の予備的研究、準備と訓練の時間があれば、市民力による防衛の有効性は大いに増強されるだろう。こうして市民力の構成要素は、特定の緊急事態に対処するために、全体的防衛政策の中に部分的に統合されて行くだろう。

軍事的抵抗が失敗した場合。国家の軍隊で侵略者を撃退しようとするが、惨敗してしまった場合でも、市民力による防衛の構成要素が用いられるだろう。これは一九四〇～一九四五年、ドイツ占領期のノルウェーの場合である。ナチスに対するオランダ人の抵抗がもう一つの重要な事例である。

一九六七年、ノルウェー内閣に依頼され、ノルウェー防衛研究所によって準備された一つの研究は、軍事的防衛が失敗した場合の、事前の準備を整えた非暴力闘争の行使について、熟考を重ねている。すなわち「非暴力防衛はしたがって、（軍事的防衛による）領土の保全が挫折した場合の徹底した防衛の一形態として考えられる」。報告書は述べている。「万一に備えて、何らかの形態での非暴力防衛を（優勢な軍事的）総力的防衛への付加として盛り込むことができると想定するならば、それは、敵の攻撃に対するノルウェーの抵抗力と抑止力とを強化するのに役立つと想定する、合理的な根拠である」と。

一九八九年三月一日、ノルウェー大西洋委員会[11]は、「今日の防衛形態」に関する会議を主催した。「ノルウェーの〈総力的防衛〉政策の中に市民的抵抗を統合することに関わる諸問題」という冒頭講演は、ノルウェー国防大臣ヨハン・イエルゲン・ホルストが行った。大臣は一九六七年報告書の共著者である。

そのような構成要素は、近時におけるスイスの防衛政策の一部である。スイスの「総合的防衛」[12]政策のもとで、軍隊が外国の攻撃者を撃退できなかった場合には、「武装した抵抗」〈ゲリラ闘争と準軍事的闘争〉と「受動的抵抗」とが、国家の被占領地区で行われることになっている。

大部分の人々は、しかしながら暴力的抵抗には加わろうとはしないので、その代わりに市民は〈国際法〉に従いつつ、全ての協力を拒否するよう指示される。この地区の住民は暴力的に抵抗せず、暴力行為も支持せず、「にもかかわらず占領軍にいささかも譲歩せず、あらゆる和解の試みを拒否する」。協力を拒否し、占領要員を「無視」し、かつ住民に攻撃者のイデオロギーを吹き込もうとするあらゆる試みへの協力を拒否することが、一九六九年にスイスの全所帯に支給された『市民的防衛手冊』[13]に明記されているように、こういった状況での市民たちの重要な責務である。

フィンランドは、非暴力抵抗の構成要素を自国の全体的防衛政策の中に統合した国々の中には入っていない。しかしながら一九七一年大統領の主宰する〈フィンランド心理的防衛計画委員会〉は、最初の公的な市民力による防衛の研究を公表した。委員会は、軍事力を新しい政策に全面的に置き換えることを拒否したが、国家の優勢な軍事政策に非暴力抵抗の構成要素を付加するのは有益であると認めた。

報告書は言う。「しかしながら、ある危機的状況において、武器なき抵抗方法は武装抵抗の補助として実践的であり得る。すなわちそれらの方法は侵略者の支配下に置かれた地域で問題になるだろう。さまざまな国家の経験から得られた実例によれば、武装した抵抗と結合したそれらの方法は社会組織の行動の自由を確保し、最終的には占領からの解放を達成する努力がなされる占領期間に適していることを示している」と。市民力による防衛は有益な使い方ができると見極めたあと、一九七一年、同委員会は以下のように提案した。軍事的準備と並行してフィンランドは、武器なき抵抗が合理的な代替案として見なされる状況下において、非暴力抵抗のための計画と準備をなすべきである。またそのような作業はできるだけ早急に着手すべきであると。しかしながらこの提案は実行されなかった。

ユーゴスラビア[14]はすでに非軍事的構成要素を、同国の総力的国防政策に取り入れている。ニコラ・リュビチク将軍は書いている。軍事力は合理的戦略体系の中で不可欠なものではあるが、「全人民による防衛戦争で勝利するためには、あらゆる形態の抵抗が調和的かつ機能的に主力としての武装闘争に結び付けられなければならない」と。ユーゴスラビアの政策は、明らかに、国家の被占領地区における非暴力抵抗の発動を認めている。「当然ながら、作戦軍と領土防衛の部隊は、時にこれ以上の抵抗をやめて、一時的に一つ二つの町や村に避難しなければならない状況に追い込まれるかもしれない。しかしそれらの軍は、背後に政治的な〈陽動戦術者〉とそれ以外の行動形態で闘争を継続できる、軍事的・政治的集団を残しておかなければならない」と。

アダム・ロバーツが概観しているように、ユーゴスラビアのさらに別の抵抗形態には、以下のものが含まれる。(1)道義的・政治的・心理的抵抗――従来の政府組織を堅持し、扇動・宣伝活動等々を行いつつ、降服と占領との否認。(2)経済的抵抗――抵抗勢力への生産と供給・財産の保護・攻撃者に有利になるような任務遂行の拒否等々。(3)文化と教育における抵抗。(4)受動的抵抗――社会的ボイコット・協力拒否・多数の人々による不服従・敵視の態度。ユーゴスラビアの防衛方式は「政治的・経済的・社会的組織の全ての参加を求めている。彼らは計画の実行のみならず、作成にまで参加している」と。

市民力の構成要素が国家の優勢な軍事的防衛体系に統合された場合、いくつかの問題が発生してくる。大きな防衛責任を持つ人々や集団は、軍事的・非暴力的構成要素の結合が一体どのように作動するのか、じっくり見極める必要がある。例えば抵抗者は、(一九六八年チェコスロヴァキアで行われたように)攻撃軍の士気・信頼性・恭順を弱体化させるために、防衛闘争の非暴力的性格を利用したいと思うであろう。しかしながらもしその非暴力活動の一団が先に軍事攻撃を受けてしまったら、またもし抵抗者のかなりの友人が殺されるか負傷してしまったら、あるいはもし彼らが今や自身の死を恐れ始めたら、非暴力活動は非常に困難になるか、あるいは不可能になるだろう。

暴力的方法と非暴力的技法とを結びつける問題は、ゲリラ戦と非暴力闘争の双方を、同じ全体的防衛戦略の中で行うという作戦の場合にはとくに鋭くなるだろう。いくつかの最近の「専守防衛」あるいは「非攻撃的防衛」モデル(第一章で触れた)には、この問題が含まれている。もし抵抗者が非暴力抵抗とゲリラ戦とを同時に同じ地理的区域で用いたとするなら、異常に多くの死傷者を生みだすばかりか、完全に非暴力闘争の効力をも弱めてしまうという極めて深刻な問題が出てくるだろう。以上の理由から、軍事力による防衛政策に付加された〈市民力による防衛〉の構成要素は、軍事的構成要素からなるゲリラ戦あるいは明確な「専守防衛」と共に用いるべきではない。

軍事力・市民力の構成要素の双方を持った〈混合防衛政策〉は、明らかに専ら〈軍事力による政策〉から発展したものである。しかしながら、発生するその矛盾点とその結果とには、全体的政策の展開に沿って、継続的な留意が要求されよう。もし〈市民力による防衛〉政策の研究、およびその政策の改良と実践での経験の研究が、これまで存在しあるいは認識されていたよりも遙かに大きな防衛能力のあることを証明するなら、上に挙げたような問題も、全面的超軍備に向けての漸進的発展の過程で、おのずと解決されることになるだろう。そうでない場合には、市民力の構成要素による成功への貢献という大切な要因を、軍事力の構成要素が弱体化させないように、細心の注意が払われなければなるまい。一般的に言って、〈軍事力による防衛〉体系と〈市民力による防衛〉体系との作戦行動を分離あるいは隔離することが可能であるなら、その問題はそんなに厳しいものとはならないだろう。

国内の権力簒奪に反対して。〈部分的超軍備〉が起こる可能性のあるもう一つのモデルは、特にクーデター、行政機構の簒奪あるいは国家機構の支配権を強奪しようとする憲法違反行動を阻止・打倒するために、〈市民力による防衛〉の構成要素を付加する場合である。内部からの攻撃は重大な防衛問題となる。最近の数十年間に、十数の社会で、その合憲民主的政府および他の体制が権力から追放され、その政治的指導者が殺され、そして軍隊の威嚇あるいは発動によって新しい独裁的政府が強要されるのを見ることになった。

タイなどのいくつかの国家において、よりよい民主主義と社会正義とを求める活動は、数十年にわたって繰り返し繰り返し、軍事的あるいは政治的クーデターによって遮断されてきた。アルゼンチン・ペルー・チリ・グアテマラ・ブラジルのような、いくつかのラテンアメリカの国家でも、クーデターは過去数十年間にわたって、重大な問題を生みだしてきた。アフリカの国々でも、軍事集団が市民社会の中の多くの集団よりも、明らかに遙かによく組織され遙かに強力であって、クーデターは独立以来この大陸の政治体制を作り出す主要因でもあった。ヨーロッパもまた、過去数十年間において、クーデターの分担を荷ってきた。こうしたわけで実は非常に多様な国々が、外国からの危険に対処するために軍事的選択肢を残しつつ、国内での簒奪だけでも何とか抑えようと、市民力による防衛をできるだけ早く採用したいと望んでいる。

たいていのクーデターはしばしば、ほとんどが、あるいは全てが軍事行動である。それ以外のクーデターは、独裁的政治党派あるいは「陰謀」団体（このクーデターは時に、民間人と軍人集団との連合よって決行あるいは支援されている）による国家強奪の試みである。

そういった強奪に、非合法だ、あるいは憲法違反だ、と宣言しても、いささかもこの問題の解決にはならない。そもそも彼ら犯行者たちは、自らすすんで、現行の憲法的・法的禁止を破ろうとしているのである。内戦を起こしてまでその企てを阻止しようとする者はほとんどいない。そのうえ軍隊自体がこのクーデターを決行あるいは支援している時、憲法を守ろうとする市民たちによる軍事的勝利の機会は極端に小さくなる。一揆一味がほんの小集団で多くの支援がない場合、および軍隊が圧倒的に合憲政府に忠誠を誓っている場合を除いて、この簒奪問題に対する憲法的解決策が全くあり得ないのと同様に、軍事的な対応策もあり得ない。

かくて市民力による防衛が可能性として、内戦をも恐れぬ独裁制の樹立を阻止する唯一の政策となる。第一章で触れた二つの事例（一九二〇年のドイツと一九六一年のフランス）は、見事に成功した。この成功例は、次のことを示唆している。すなわち国内の簒奪を阻止するという問題に対する基本的対応策は、それら事例の、極めて重要な特徴に基づいて打ち建てられた、改善され改良された政策にこそあるということである。

そのような簒奪に対する市民力による防衛の重要な手本は、第四章で述べた作戦行動にほぼ相当しよう。すなわち、攻撃者に正統性を与えないこと、攻撃者による政府樹立と効果的行政とを阻止すること、公務員・警察官・軍隊の支配権を攻撃者の手に渡さないこと、市民社会の組織と一般大衆とを動員して簒奪者による統治を否認すること、簒奪者の軍隊と支持者とを変心させるよう試みること、そして合憲政府復活のために最大限の国際的な非暴力的支援の獲得に努力することである。

非協力と公然たる拒否とによって簒奪攻撃を打破する力量を強化するために、社会・政府組織・一般市民に対する事前の準備がなされるべきである。過去にそのような簒奪の経験を持つ国々なら、とりわけその可能性に油断してはならない。このことは、そのような経験がない国家なら無関心であってもよいということを意味するものではない。合衆国における一九八七年の「イランゲイト」調査報告は、以下のことを明らかにしている。すなわち、その時のＣＩＡ長官をも巻き込んだ小集団があり、排他的で強力な「秘密政府」を作って、望ましいこと、やるべしと判断したことを、憲法手続きと合衆国政府の組織とを無視して断行しようとしたのである。[15]この事件はもしあるとしてもごく少数の政府であろうが、国内での簒奪と政府転覆という企てなど起きるはずがないと思いこんでいる政府への、重大な警告となるであろう。

そのような簒奪には脆いと自覚している体制と社会が多数あるならば、この場合、他の目的のために市民力による防衛を採択する際によく用いられるのと同じような、調査報告・大衆討論・政策検討・政策決定、というやり方を始めたらどうだろうか。特別立法と大衆教育とによって道義的・法的義務を全ての人々に定着させ、合憲的体制を破棄して新しい支配者の体制を強要しようとするいかなる集団に対しても、支援と服従とをきっぱりと拒否するのである。

しかしながら政治状況によっては、国内の簒奪者への防衛に備える政府の意向と準備とが、普通の手段では行えない時がある。この場合には別のやり方がある。すなわち〈反クーデター政策〉を、広範な大衆教育プログラムを通じて、例えば新聞・雑誌・入門書・ラジオ・TVを用いての大衆討議に、および社会（遍在する権力核）の組織の討議に懸けるのである。そういった組織は、教育・社会・宗教・労働組合・企業・文化・社会の同様な集団に限られない。さらに政府の指導者・公務員・警察官・兵士・政党員・その他の集団を含めるべきである。こうして一つの状況が作り出される。ここで市民力による防衛の本質が広く社会全体に知れ渡り、基本的な責務および独特な対応の防衛がよく理解されることになる。こういった状況であるなら、違憲的な権力掌握を阻止することが可能になるだろう。

国内の簒奪者に対して合憲政府を守り抜くという目的のためだけに市民力による防衛が採用されたとしても、極めて大きな役割を果たすことができる。〈市民力による防衛〉政策のこういった面は、世界の多くの政府の関心を引くだろう。その方法はともあれ権力の座に就いた多くの者は、権力を保持するには正統性と人々の同意とを必要とすること、クーデターによってあっという間に追放されたくないものだということをしっかり学ぶことになる。

段階的全面的超軍備のための計画を立てる

潜在的な攻撃者と比べて軍事力が非常に限られているので、本格的な軍事的防衛は不可能という国は沢山ある。ある国々では軍隊はほとんど象徴的な役割だけを果たしていたり、あるいは国内の鋭い危機の際に弾圧行動を取れるくらいの力量しか持っていないという国々もある。限られた軍事力は、さまざまな理由で発生しようが、国内資源の限界・経済的な限界・過少人口等々が含まれよう。ある国々、例えばオーストリアでは、国内的に考慮すべき事柄が国際条約の縛りによってかなり複雑化されているようである。

それとは対照的に、ポーランドは経済問題が解決されればより大きな軍事体制を維持することができようが、ソヴィエト連邦やNATO〔北大西洋条約機構〕と対峙できる程には決してなり得ないだろう（実際、一九八〇年代のポーランド軍隊の主要な発動は、国内の弾圧であった）。同じような状況は、次々と独立し民主化した東欧の国々、チェコスロヴァキア・東ドイツ・ブルガリアの間にも存在する。

そのような国々では、長期的展望の〈全面的超軍備〉について、極めて真剣に検討される可能性があるだろう。早い段階で全面的超軍備という目標を必要不可欠として受容が決定され（あるいは少なくとも広範に同意され）たとしても、しかし移行は、恐らく極めて慎重に一〇年あるいは一五年というかなりの時間をかけて、段階的に行われることになるだろう。

そのような国々にとって実際的な超軍備は、まずは限定された市民力による防衛の構成要素を、唯一のあるいは優勢な軍事政策の中に統合していくことから始めていく可能性が最も高いだろう。これには社会の組織全てにわたる準備と訓練、そして防衛能力の動員の実行が含まれるだろう。限定された市民力の構成要素の導入から始めることで、社会と政府は、一体どのようにこの種の防衛を準備し、訓練し、実行すべきか、経験を積むことになろう。最初に導入された構成要素は次には次第に拡大され、準備と経験からこの政策が十分に実行可能性があると見なされれば、さらに新しい構成要素が付加されることになるだろう。市民力による防衛の力量と信頼性とが増大するにつれて、漸次、軍事力の構成要素への依存性を減少させていき、遂には〈全面的超軍備〉が完成するということも可能になるだろう。

そのような国々にとって、全面的超軍備はいくつかの利点を生みだすだろう。第一に、それらの国々は近隣への軍事的脅威とはならないだろう。第二に、それらの国々は抑止・防衛能力を高めるだろう。そして第三に、それらの国々は軍事的手段による国内のクーデターあるいは行政権力簒奪の可能性を、そのような如何なる攻撃をも打ち破る力量を動員できるので、実質的に無くしてしまうだろう。ある国家で、防衛の必要性と国内状況とが極めて危機的状態であり、かつまた防衛と解放のための非暴力闘争の展開が極めて有望であるなら、超軍備に向けての重要な政治的な手段が採られたとしても、驚くべきことではないだろう。

多国間超軍備

市民力による防衛はこれまで常に、政府が新兵器を追加したり、あるいは新兵器体系に全面的に移行するのとほぼ同じようなやり方で、単独国家によって決定・採択される政策として提示されてきた。新兵器は軍隊の戦闘力を増強させるものと見なされているから、隣国政府あるいは敵対政府と交渉して、同じように新兵器採用をお願いする協定を話し合う必要性も利点も全くない。軍事兵器のあらゆる革新ごとに採用されてきたというのが実情であろう。他方、条約と協定とによって、兵器の数量やある種の兵器の縮小を図ろうとする試みが繰り返されてきた。しかし結局、注目すべき成果はなかった。

市民力による防衛が、実際に攻撃に対する抑止・防衛に対して強力な政策であるなら、いかなる国家でも、隣国と潜在的攻撃者とが同様に超軍備政策を喜んで導入するまで、部分的であれ全面的であれ、超軍備を待ってやる理由はいささかもない。しかしながら状況によっては、ある種の多国家間での段階的・部分的あるいは全面的な超軍備は、実行可能な選択肢となるかもしれない。この選択肢は、正式な交渉と協定なしで実行されるかもしれないが、その場合そういった措置は、防衛力と軍事力とを改革する一つの重要な部分となるだろう。

市民力の構成要素の多国間導入そしてその発展的拡大は、例えば北欧諸国・中央アメリカ・中央ヨーロッパのような地域で十分に起きる可能性がある。北欧五か国のうち四か国、スウェーデン・ノルウェー・デンマーク・フィンランドの防衛政策では、市民力の構成要素の潜在的な力量に関する、かなり真剣な研究と政策研究とに向けて基礎はすでに敷かれている。しかしながらアイスランドでは、いささかもあるいは全くこの研究がなされていない。

中央アメリカは、これまで政府レベルでは真剣な市民力による防衛への関心をほとんど示して来なかった地域である。この地域はそもそもずっと、軍隊が軍事的・政治的独裁制を支援あるいは造成してきた地域であり、かつ隣接する政府が時には脅威を与えたり侵略さえ行ってきたのである。一つの道は、国家間の緊張と国内の独裁制の可能性が減少した時、〈市民力による防衛〉の構成要素を段階的に導入することであり、恐らくさまざまな種類の兵器と軍隊との縮小が次に続こう。市民組織の強化は、この地域における新しい防衛政策を導入する際の極めて重大な要素となるだろう。

国家間の話合いによる〈超軍備〉は、特に東欧に起こった大きな変化と西ヨーロッパ諸国での広範囲にわたる防衛・安全保障政策の見直しという状況とに照らしてみると、中央ヨーロッパにおいて準備されるだろう。市民力による防衛は恐らく、全面的な非武装とは言わないまでも、少なくとも大幅な軍縮を推進する、北欧から南欧へと貫通する幅広い回廊、〈失われた鎖の環〉[16]を作り出すに違いない。市民力の構成要素は、合意された方針に従って段階的に導入されていくだろう。軍備の種類と数量との縮減がこれに続こう。防衛能力は依然保持されているが、非武装化の手順が合意され推し進められており、兵器減少・軍備縮小の交渉への障害物は、現在かなり取り除かれている。

〈市民力による防衛〉と超大国

現在の超大国と潜在的超大国での市民力による防衛の採択可能性については、小中規模国家の防衛問題にくらべて、ことさらに注意が払われてこなかった。今日超大国は、最も明瞭に合衆国とソヴィエト連邦[17]とを含むであろう。この地位は主として両国の核兵器の保有に依っているというよりはむしろ、その厖大な領土と人口、およびその国家機構の大きさによる。この文脈からすると、中国とインドが同様にこの範疇に属する。統合ヨーロッパも他の全ての超大国とは全く異なってはいるが、同様に超大国であろう。国土規模と人口のほか、〈求心的統合力〉の程度および軍事力の規模もそれに次ぐ重要な尺度である。

超大国の場合、市民力による防衛の採択可能性は、かなりの程度、それらの体制の性格とその目標の評価に関わる。多くの人々は証拠と理論的根拠から、それら大国のうちの一つあるいはそれ以上が、まず攻撃的かあるいは抑圧的であり、その近隣諸国を支配しようとし、自国民への厳格な中央からの支配を堅持し、あるいは遠方の国々の政治・経済・軍事政策を指図しようとするものであると見なすであろう。もしそれが事実なら、そのような超大国は、市民力による防衛とそのほかのやり方の非暴力闘争とが敢行されなければならない潜在的攻撃者と見なされるであろう。

他方、超大国の攻撃的な対外行動と国内での抑圧とが、感知された外国からの脅威への防衛的対応だと見なされれば、その程度にもよろうが、その時市民力による防衛が行われれば、当該社会の発展とその超大国の攻撃的性格の減少という、有益な貢献をなすことができるかもしれない。ヨシフ・スターリンによれば、外国の脅威に対処しようとすれば必然的に、労働者の民主主義という理念を「不可能にする」。共産党内部での討論の自由を求める嘆願に反対してスターリンは、それは国家の安全保障を脅かすという議論を用いた。スターリンはまた、次のようにも述べた。「国家を官僚主義的要素から解放するために必要なことは……完全に（安定した）平和な環境を四囲に作り出すことである。こうすれば、他の政府機関にも爪痕を残している多数の軍事幹部を必要としなくなるだろう」と。[18]

市民力による防衛が、超大国にとって有益となるいくつかの方法がある。超大国はその厖大な軍事的諸資源に完全に依拠しているから、それら国家は現在のところ、急速な転換モデルでも長期間モデルによっても、全面的超軍備を行うことは不可能であると考えられる。したがってまずは超大国にとってこの政策の実践的妥当性の要点は、優勢な軍事政策の中での補助的な構成要素として、クーデターを阻止する手段として、あるいは以前からの従属的同盟国に対する政策としてであろう。

超大国にとってこの市民力による防衛の潜在的可能性について、合衆国とソヴィエト連邦に絞って簡単に述べてみよう。両国の状況には類似性もあるが重大な相違点もある。

合衆国の現在における〈附属的な同盟国〉[19]、とくに西ヨーロッパ諸国と日本とがこの新しい政策によって、自国の防衛に全面的なあるいは少なくとも主要な責任を負うことができるならば、合衆国の軍事費支出は大幅に、恐らくその半分にまで！　減少するだろう。その目的のために合衆国は、その同盟諸国が市民力による防衛を研究するのを奨励し、さらに恐らくこの政策についての研究結果・実行可能性研究・その他の知識を共有することで、彼ら同盟諸国を支援するだろう。ヨーロッパと日本の超軍備化は、合衆国の安全保障問題をも大幅に単純化するだろう。

そういった附属的同盟国の防衛の必要性が無くなれば、合衆国の主要な安全保障上の脅威はその場合、理論的には減少して次の三点となる。核戦争・侵略・国内での簒奪である。大陸性の合衆国への軍事的侵略と占領は、技術的・兵站的問題が広大過ぎて事実上問題にもならない。最小限の市民力による防衛の準備は、それだけで十分に、外国の占領側がその脅威をいかに排除したらよいかという難問を増大させることになるだろう。ところですでに述べたように、市民力による防衛の準備は、クーデター・行政府の強奪・「秘密政府」という国内の簒奪に対する抑止と防衛の必要性からなされる。そうであるなら核兵器および他の大量破壊兵器による潜在的攻撃という非常に重大な永久的な問題だけが残ることになる。多国間協定と片務的行動とを結びつけてその脅威を減少させる方向に向かって、すでに重要な手段が採られている。またそのような攻撃へと向かわせる動機の減少も重要なのである。要するに市民力による防衛は、合衆国の安全保障問題上の全てを除去し、あるいは解決するのではなくて、それらを大幅に単純化させ、最も重要な問題のいくつかを効果的に処理するという潜在的な力量を持っているのである。

それならばソヴィエト連邦の場合はどうであろうか。[20] もしソヴィエト連邦の人民と政治的指導者とが真に民主化と脱中央集権化とを望んでいるなら、その時には市民力による防衛はソヴィエト連邦自体の安全保障上の必要性にぴったりと応えるものになるだろう。もし民主化の流れがソヴィエト連邦と東欧で継続していくなら、市民力による防衛はソヴィエト連邦に軍事的脅威を与えることなく、東欧諸国がソヴィエト連邦の支配からますます独立していく道を作り出す。東欧諸国の超軍備化は、ソヴィエト連邦の近隣国家が自国の防衛に一層大きな責任を果たすにともない、ソヴィエト連邦の軍事費の大部分を減少させる道を開くだろう。

同じことがソヴィエト連邦内の国家所属問題にも当てはまる。例えば現在ソヴィエト連邦に統合されているいくつかの国家、[21] エストニア・ラトビア・リトアニア・アルメニア・グルジアが独立するとする。ソヴィエト連邦に対する軍事的脅威を減少させるために、新しく独立しようとする国家群は、独立の条件として、非武装を維持し、かつ軍事同盟に参加しないことを要求されるだろう。[22] 市民力による防衛は、双方にとって可能性のある賢明な政策となるだろう。

ソヴィエト連邦への攻撃の可能性について言えば、成功裏の軍事的侵略・占領という問題は、すでに〔国土が〕非常に広大なので、準備万端整えた市民力による防衛政策がそのような攻撃に対する強力な抑止と効果的な防衛策となるだろう。この政策は、国内における民主化・脱中央集権化、そして重要でぜひ必要とされる住民の物資事情を改善するための経済的資源・労働力資源の移動と矛盾しないだろう。

ソヴィエト連邦は、多くの国家と同じく、とりわけ現体制の高度の中央集権化のゆえに国内の簒奪にもろい。この種の攻撃は、新スターリン主義者が〈グラスノスチとペレストロイカ〉[23]に反対し、強力な中央統制の復活を意図して、あるいは軍事的または政治的集団が別の種類の権威的体制を再び強制しようとして発動されるかもしれない。クーデターが起きた場合には、市民力による防衛の力量が、民主化されたソヴィエト連邦の持ちうる唯一の効果的な抑止・防衛になるだろう。

他の超大国と大国、例えば中国・インド・統一されたヨーロッパ・同類の他の国の状況は、非常に異なっている。これらの国々の安全保障上の必要性に対する市民力による防衛の妥当性の検討が急ぎ成されなければならない。

〈市民力による防衛〉政策の潜在的利点

長期的に見て市民力による防衛は、軍事的防衛政策では不可能な、さまざまな利点を生みだす潜在的力量を持っている。そういった利点を以下に挙げてみる。

1、市民力による防衛は、小・中規模国家にとってさえも、決定的な要素を軍事力から社会の力へと移行させることによって、防衛問題と安全保障問題とにおける〈自力防衛〉力を高めるだろう。軍事兵器とその供給の外国への依存、そして軍事的に遙かに強力な国家との同盟への依存は、そうなればもはや必要とされない。そのような依存に伴う財政的・政治的コストはしたがってゼロとなる。

もっと重要なことは、もし可能なら〈自衛〉は常に、同盟国に依存しているよりも遙かに信頼できることである。同盟国は危機の際、約束通りに助けに来てくれないかもしれない。チェコスロヴァキアが一九三九年同盟国に見捨てられ、[24]一九六八年には同盟国に侵略されているのがその証拠である！　市民力による防衛は、戦争の危険を減少させつつ、抑止と防衛における最も可能性に満ちた〈自力防衛〉を与えるのである。

2、市民力による防衛は、その非軍事的性格によって、軍事組織という対外攻撃能力を持つことのない抑止・防衛能力を与え、それによって国際的な不安感と危機感とを減少させる。国際的に軍事兵器の多くは、攻撃に対する抑止・防禦の目的のもとに生産され正当化されているが、他国を攻撃するためにも使われる。こういった現実はしばしば、正当化してあるいは正当化もせずに、国際的な緊張を高め、軍備拡張競争を激化させ、かつ戦争勃発の可能性を高めている。それとは対照的に、市民力による防衛は、他国への軍事攻撃を行う能力を持たない抑止・防衛を与えることができる。

3、市民力による防衛がますます広く採用され、成功をおさめ、そして強力であると認識されるに従って、国家間の軍事攻撃という事態は減少していくだろう。潜在的攻撃者は他国への攻撃を抑止されていくという可能性が高くなるであろう。

政治的に受け入れることはできない、また攻撃者の目標を拒否することができる、そして攻撃してくる軍隊の間に反逆心を広めることができると待ち構えている国家を相手にしなければならないという予測は、攻撃者に再考を迫り、少なくともいくつかの攻撃計画を放棄せざるを得なくするだろう。この抑止効果は、市民力による防衛を採用する国家の数の増大とともに、また実際の〈市民力による防衛〉闘争から得られる、しっかりと準備を整えた〈市民力による防衛〉国家を打ち破るのは困難あるいは不可能だという証拠が積み重ねられるとともに、次第に大きくなっていくだろう。

4、市民力による防衛は、通常の軍事手段は不適当あるいは使用不可能と認識されている安全保障政策の中で、それに代わる〈自力防衛〉への道を提示することによって、核拡散を減少させるであろう。

一体なぜ国家の中には核兵器の開発に関心を持つ国があるのか。その唯一のとは言わないが一つの理由として、その国家は自国の通常の軍事手段では不十分と考え、かつ軍事超大国の兵器と政策とへの従属を避けたいということであろう。市民力による防衛はそれに替わる道筋を用意する。すなわち核兵器を取り囲むようにして、抑止と防衛とで身を固めて独立を成し遂げるという道である。もしこれが理解されれば、この〈市民力による防衛〉政策を採択する国が漸次増加し、核拡散を減少させるだろう。

5、市民力による防衛は、軍隊による国内の政権簒奪と国内の抑圧との発生を減少させるだろう。民主政府支持者にとっての大きな皮肉の一つは、次のことである。すなわち多くの国家の中で、かつ広範にわたる異なった状況下で、社会と政府とを防衛するために作られた軍隊が、今やその社会と政府への攻撃に意欲的に取り組んでいるという事態である。何十もの国家内で軍隊が合憲政府を追放し、軍事政権を打ち建てている。あるいは「防衛」軍隊が、独裁制を支持するために使われ、またより大きな自由と社会正義とを求める国内運動を弾圧するために使われてきただけではなくて、さらに延々と大虐殺さえ行うために使われてきたのである（一九一九年の英国によるインドのアムリトサル、および一九八九年中国の天安門広場）[25]。

市民力による防衛ならばこんなことは起こらない。まず第一に、軍事組織とは違って市民力による防衛は、国内に暴虐的力量を作り上げて正統的合憲政府に対してクーデターを仕掛けるなどということはしない。第二に、〈市民力による防衛〉政策に要求される非協力と公然たる拒否の準備は、国内の政権簒奪に対する抑止的・合憲的防衛能力とを現実的に作り出す。さらにその非暴力性のゆえに、その武器は一般的に抑圧の目的には使用できない。もし非暴力闘争が国内紛争で用いられたとすると、混乱はするだろうが、結果的にはおおむね国内平和と秩序とは保たれ、国内暴力という結果は避けられる。

第一章と第四章の議論が示すように、市民力による防衛は外国からの侵略はもちろん国内での攻撃に対する防衛として設計されたものである。軍事的手段は通常、潜在的一揆者が信用のならない少数者でもないかぎり、必ず内戦の危機を招くものである。不幸なことに多くの事例では、軍隊・警察・官僚は、心からの支援であるという理由で、また内戦を避けたいという理由で、あるいはそれ以外に自分たちに何ができるのか分からないまま、しばしばクーデターを助けたり、ともかく行動を共にしたりしているのである。市民力による防衛は、国内暴力を広範に振るうことなく、国内での簒奪と闘う力強い手段を与えるのである。

6、〈市民力による防衛〉政策の採用と準備とは、少なくともある条件のもとでは、不満を持った集団による国内暴力の減少に貢献し、間接的には不満分子を励まして非暴力的な行動形態によって彼らの主張を表明させるだろう。

国内暴力は、深刻なイデオロギー上の対立から、また不正義・抑圧・貧困をこうむった苦痛憤懣から発している。そのような暴力行為は、暴動・暗殺・テロリズム・ゲリラ戦という形を取る。暴力行為の実践者たちは、直面している問題の厳しさを挙げ、暴力こそ今取り得る最も強力な行動手段だと確信して自己正当化を図っている。この後者の議論は、社会が極度の対外的・国内的危機に対処するための軍事行動を認めている点に信拠を置いている。こうして国家防衛のような「良き」大義のための暴力行為という価値判断と正当化は、一体どのように激しい国内闘争を行ったらよいかという問題に、予想もしなかった非合法的な影響を与えることになった。強い憤懣を持つ者たちは、暴力以外の手段では失敗する、我らが社会もこの厳しい紛争解決のためには組織的暴力を用いてもよいと認めているという理由で、暴力行使を感覚的に正当化しているのである。

〈超軍備〉の結果として、採られるべき最も強力な行動類型としての暴力行為は、もはや社会によって承認されない。その代りに非暴力闘争が、遙かに効力ある行動の道筋と見なされる。これまで〈良き大義のための暴力〉に与えられてきた〈正統性〉は剝奪され、代わって非暴力闘争に与えられる。

7、〈市民力による防衛〉は、それに対応する〈軍事力による防衛〉に比べて、敵に与える損害よりも紛争の本来の目標の方に注意を集中するものである。

軍事戦闘の悲劇の一つは、主としてその戦いが、どれほど多くの破壊を、どれほど多数の死者を、敵の軍隊・一般住民・国土に与えることができるかという基礎の上に立って行われる所にある。紛争の本来の争点は、通常、戦争遂行に必要と見なされる作戦手段の後方に追いやられ、軍事的勝利が得られると、しばしば紛争の本来の目的は忘却されてしまうのである。

全く異なった力学が、非暴力闘争では働く。非暴力的抗議と抵抗という行為が、もし問題の核心そのものの表出であるなら、通常、最も効力を発揮する。検閲への抵抗であるなら、検閲を命じた政府の要人を殺害するのではなくて、例えば言論の自由と報道の自由の挑戦的な行使が繰り返し実行されれば最高であろう。

8、市民力による防衛は、もっと一般的に言えば非暴力闘争と同じように、軍事的紛争に比べて遙かに少数の死傷者、遙かに少ない破壊で済む傾向がある。これは大きな利点である。

我々は詳細な統計的研究を持っていないが、入手可能なあらゆる証拠によれば、物理的損害量は含まれないが、死傷者の数は通常戦闘とくにゲリラ戦の間では、非暴力闘争に比べて異常な多さであることを示している。これは問題の核心の重大性・人口規模・その他の要素を考慮に入れている。

9、市民力による防衛の国々は、通常の攻撃能力も核による攻撃能力も持っていないので、大量破壊兵器による威嚇あるいは攻撃を遙かに受けにくくなるだろう。

皮肉なことに攻撃を抑止しようとする現在の核抑止の手段は、別の核保有国が核を持った国を狙ったり、あるいは極度の危機にでもなれば別の核保有国が、まさに核保有国は潜在的な攻撃者に他ならないという理由で、他の核保有国に対する先制攻撃すら辞さないというような現象を生みだしている。

10、外国からの攻撃の可能性もまた、一層「積極的な」外交政策を展開することで減少するだろう。その外交政策は、国家間の敵意を減少させ、非軍事的政策を持つ国に対する親善を増大させることで、市民力による防衛を強化させることができる。

〈市民力による防衛〉政策は、軍事政策よりも遙かに、そういった変化を助長するだろう。この移行は、これまでよりも遙かに多くの経済的資源を国内の市民経済と国際支援とに振り向けさせるであろう。財政的・物的・人的資源はもはや軍需対応と結びつけられることもなく、したがってまたこれまでよりも遙かに多く、自国や他国の人間的な要求に応えるべく利用されるだろう。さらに多くの資源が同様に自由化されて、暴力的紛争なしで国際的な諸問題の解決に資するであろう。

そのような国際支援は、まさに支援としてのみ行われるべきであって、〈市民力による防衛〉政策をもつ国家群が、そのような方法によって、増大する国際的友好を勝ち取るのに有利となる。国際的友好こそが、攻撃を思いとどまらせ、かつ攻撃があった際には国際的支援をもたらすのである。超軍備化に伴うこのような相互支援政策は、自国の安全保障を高め、人間の条件を国際的に改善するのに貢献するだろう。

11、〈市民力による防衛〉政策はまた、政府の規模と抑止・防衛費とを減少させるだろう。戦争と軍事制度とは国家の成長の大きな要因であったが、非軍事的防衛制度へのこの移行は、政府の規模と費用の拡大および防衛機構の増殖というこれまでの一般的趨勢をくつがえす助けとなるだろう。

〈市民力による政策〉は大きな経済的コストがかかるが、それは〈軍事力による政策〉よりも遙かに少ない出費となるだろう。これは主として市民力による防衛には軍事兵器類の必要がないからである。その上さらに、防衛責任は大きな専門的軍事組織から一般住民と社会の独立した組織へと移行する。このことは例えば専門的〈市民力による防衛〉研究センター・戦略立案集団・準備および訓練方面の実動組織体といったものの存在をも除外するものではないがしかし、こういった組織は軍隊が普通そうであるよりも遙かに小規模となろう。また市民力による防衛の主要部分は、厖大で特殊な指導者集団によるものというよりも、社会の独立した集団・組織とを通じて進められるという強い傾向があることである。

12、市民力による防衛は、軍事組織に特有な中央集権的支配力をなくし、その代りに非暴力的制裁を伴った分権的支配力を導入するだろう。これら分権的支配力はとくに、増強された〈自力防衛〉の発展を含むだろう。自力防衛に向けてのそれら支配力は、より多くの大衆参加を伴って、社会全体に権力・責任の分散を促しつつ、遙かに非集権主義的にして遙かに多元主義的な社会的・政治的構造の発展に貢献するだろう。こういった傾向は、言うまでもなく民主的体制の理念と一致するものである。

13、そのほかの〈市民力による防衛〉政策の利点は、一般市民に刺激を与えて、自分たちの社会によって支持されている信条を再検討させ、その政策が一体どれぐらいそれら社会規範に効果があるのか判断させるだろう。防衛責任を人々自身に任せることで、この政策は人々を勇気づけて、防衛に値する社会の質を深く認識させ、かつ自分たちの社会をどのように発展させていったらよいかを考えさせることにもなるのである。

14、市民の闘争形態による抑止・防衛を提示することによって、この新しい政策は、戦争を少しずつ遙かに危険の少ない選択肢に取り替えることができる一つの方法を与えてくれる。この選択肢が適切だと判断されれば、全ての国家はその時点で、軍事的手段をもはや必要とされないのだから放棄することができる。軍事的手段への依存の漸次的減少は、その新しい〈市民力による防衛〉政策が真の抑止・防衛能力を提供し得ることが示されるその程度に応じて、現実的なものになる。国家は各々であるいは集団的に、政治的に同価値のこの発達し進歩した戦争に代わるものによって、戦争放棄に向けての重要な一歩を踏み出すことができるのである。

この選択肢のさらなる考察

〈市民力による防衛〉政策の潜在的力量は、内外の防衛問題をかかえる全ての社会の住民と組織との間で、広く検討・議論される必要がある。このことは事実上、実質的に全国を意味する。ある場合には主導権は政府から、あるいは軍隊からも出るかもしれないが、もっと遙かに可能性のあるのは、この議論が人々の間から、さまざまな独立した組織の内部から、さらに学術研究者と政策分析家との間から始まることであろう。

この選択肢の本質と潜在的力量とに関する知識を社会全体に押し広め、さらにこの政策に関するより広範な政府・非政府団体の評価を促進するためには、さまざまな手段を取ることができよう。そういった活動の目的は、この政策の実践的な潜在的力量に関する知識を広め、思想に刺激を与え、そして途切れることのない評価を促すことでなければならない。この努力は、「回心者」あるいは「信奉者」を獲得すべし、ということであってはならない。

基礎的な第一歩は、個人個人および小さな勉強会グループによる〈自己教育〉である。これは、市民力による防衛に関する知識を獲得しあるいは広めるための自己教育であり、またこの政策をさらに研究し発展させるのに何が必要なのか、自身の考えを評定してみるのに役立たせる自己教育でもある。人はそれぞれ、例えば書いたり人前で話したりするような自分の能力を磨きたい、教育活動で自分も役立てるようになりたい、あるいは自己の高い教育を生かしてこの市民力による防衛の分野での研究と政策分析とに向けて準備をしておきたいと望んでいるのである。

非暴力闘争と市民力による防衛は、我々の大学教育制度の中の、広い教科課程での講義主題に取り込まれるべきであり、またそういった主題に関する特別コースが導入され、あるいは拡大される必要がある。それらの目的は、知識を広め、学生たちに刺激を与えて、特別な意見に至らなくてもよいから、自分で考えさせることである。

経済的資源は、早急に必要とされる。一般的には非暴力闘争の本質と潜在的力量とに関する、特殊的には市民力による防衛に関する、研究・政策研究・教育活動・大衆向けの啓蒙活動を支援するためである。地方・州・地域・国家の、そして国際的な組織が、それぞれ特別委員会を立ち上げ、この政策が上部団体による、さらなる注目にあるいはさらなる活動に値するのかどうかを勧告するという目的をもって、市民力による防衛を研究するためである。

必要な公的な基礎作業がうまく進展したという重要な時がきたら、地方の立法部・州議会・国会等々の各委員会は、この選択肢の個人的・公的な研究を先導し指揮するのがよい。そして同様の研究は、国防省と各省およびそのほかの軍事組織も行なうことができるし、行わなければならない。

一方では外国からの攻撃と国内での簒奪と、他方ではそれら攻撃と簒奪への軍事的応酬という今日の危険は、厳しいものがある。本書で示唆したように、〈市民力による防衛〉の潜在的力量は相当なものだという重要な証拠が存在する。その論点はここでは、市民力による防衛ならば、国家間戦争と内戦という危険と犠牲を招くことなく、そういった攻撃に対して成功裏に抑止・防衛できるということである。

この代替政策はしかしながら、まだ発生期の段階にとどまっており、その政策の抱える問題と潜在的力量については、さらなる知識と理解が要求される。したがってこの政策は徹底的に研究されなければならない。特定の国々とその脅威とに関する、実行可能性のある研究が行われなければならない。防衛の必要性・可能性・問題点は、非常に広範で国によって異なるからである。

市民力による防衛の構成要素の考察と段階的導入とは、拡大し続けそうである。多くの国々において、軍事的防衛という選択肢の現実的な有効性の限界が、だんだんと明白になってきたためである。同様に、世界中で非暴力闘争を用いる事例が大いに増大しつつあることから、市民力による防衛への注目が広がっているようである。

今こそそういった努力が加速され、大いに拡大される秋である。最悪の場合、そういった努力はこの市民力による防衛政策が将来性のない考えであり、もはやこれ以上そのような考えに注意も資源も浪費すべきではないと暴露するだろう。中間的には、そういった努力の成果は、現時点では明白な緊急事態には効果的に対処できないが、市民力による防衛は軍事的選択肢に代わって、少なくとも抑止・防衛に重要な貢献を果たすだろうことを示すであろう。最善の場合、諸々の研究は、市民力による防衛が従来認識されているよりも遙かに大きな潜在的力量を持っていることを、さらに最小限でも市民力による防衛は将来の防衛政策で大きな役割を果たすだろうことを明らかにするだろう。人々の力こそが、最終的には最も強力で最も安全な防衛体制、すなわち〈軍事力に頼らない防衛〉であると判明するだろう。

注

序章　訳注

（1）原書名は *Civilian-Based Defense: A Post-Military Weapons System* であり、『市民に依拠する防衛――ポスト兵器体系』である。邦訳書名は意味内容を取って『市民力による防衛――軍事力に頼らない社会へ』とした。

（2）上記都市について、タリンはエストニア共和国の首都、ナブルスはヨルダン・ハシェミット王国のヨルダン川西岸の都市、ラングーン（現ヤンゴン）はミャンマー連邦共和国の旧首都、プレトリアは南アフリカ共和国の首都である。

（3）一九九〇年一月一〇日というこの序文の日付から明らかなように、まだ巨大な東欧革命は進行中であり、ドイツ再統一（一九九〇年一〇月三日）、ソ連邦崩壊（一九九一年一二月二五日）など夢想もできなかった時期である。本文中の記述に、この時代の変化が反映されていない所があるので留意されたい。なお、二〇一六年現在の原著者連絡先は、P.O. Box 455, East Boston, MA 02128, USA.

第一章　原注

本章で触れた問題点に関するさらなる分析と情報については、以下を参照。

Gene Sharp, *Social Power and Political Freedom* (Boston; Porter Sargent, 1980), pp. 263–284.

Gene Sharp, *The Politics of Nonviolent Action* (Boston; Porter Sargent, 1973), pp. 63–105.

ここで触れた「専守防衛」論議は、この分野におけるさまざまな提案のうち最も一般的な特徴を述べたにすぎない。この説の中心的擁護者は、ホルスト・アーフヘルト（Horst Afheldt）、アンダース・ボーズラップ（Anders Boserup）、ノルベルト・ハニング（Norbert Hanning）、ヨッヘン・レーザー（Jochen Löser）、アルブレヒト・フォン・ミュラー（Albrecht von Müller）、ルッツ・ウンターゼーエル（Lutz Unterseher）である。このアプローチの導入的概観は以下を参照。

Jonathan Dean, "Alternative Defense: Answer to NATO's Central Front Problems?" *International Affairs*, vol, 64, no. 1 (Winter 1987/1988), pp. 61–88.

Stephen J. Flanagan, "Nonprovocative and Civilian-Based Defense," in Joseph S. Nye, Jr., Graham T. Allison, Albert Carnesale, eds., *Fateful Visions: Avoiding Nuclear Catastrophe* (Cambridge, Mass.: Ballinger Publishing Co.,1988), pp. 93–109.

Frank Barnaby, Egbert Boeker, "Defense Without Offence-Non-nuclear Defence for Europe," (Brandford, England: University of Bradford, Peace Study Paper, No. 8, 1982).

この分野における主要な出版物は以下。

Horst Afheldt, *Defensive Verteidigung* (Reinbek, Hamburg: Rowohlt Taschenbuch Verlag, 1983).

Anders Boserup, "Non-Offensive Defense in Europe," (University of Copenhagen: Center of Peace and Conflict Research, Working Paper No. 5, 1985).

Norbert Hannig, "Verteidigung ohne zu Bedrohen," (Universität Stuttgart: Arbeitsgruppe Friedensforschung und

Europäische Sicherheit, paper No. 5, 1986).

Hans-Heinrich Nolte, *Wilhelm Nolte, Ziviler Widerstand und Autonome Abwehr* (Baden-Baden: Nomos Verlag, 1984).

Lutz Unterseher, *Defending Europe: Toward a Stable Deterrent* (Bonn: Studien gruppe Alternative Sicherheitspolitik, 1986).

スイス防衛政策の文脈での「専守防衛」論に関しては以下。

Dietrich Fischer, "Invulnerability Without Threat: The Swiss Concept of General Defense," in Burns H. Weston, ed., *Toward Nuclear Disarmament and Global Security-A search for Alternatives* (Boulder, Colo.: Westview Press, 1984), pp. 504–532.

イギリスの防衛で採用された「専守防衛」の一提示例としては以下。

Alternative Defence Commission, *Defence Without the Bomb* (London and New York, Taylor and Francis, 1983).

レーニンの引用は以下の選集に収録されている「ロシア共産党（ボルシェヴィキ）中央委員会政治報告」より。

March 27, 1922, at the Eleventh Congress of the Russian Communist Party (Bolsheviks), in *V. I. Lenin: Selected Works in Three Volumes* (New York International Publishers, 1967), vol. 3, pp. 692–693.

カップ一揆への抵抗に関する記述は、以下による。

Wilfred Hanis Crook, *The General Strike* (Chapel Hill, N.C.: University of North Carolina Press, 1931), pp. 496–527.

Donald Goodspeed, *The Conspirators* (New York 1962), pp. 108–188.

Erich Eyck, *A History of the Weimar Republic* (Cambridge, Mass.: Harvard University Press, 1962), vol. 1, pp. 129–160.

〔エーリヒ・アイク『ワイマル共和国史』Ⅰ・Ⅱ、救仁郷繁訳、ぺりかん社、一九八四年〕
Karl Roloff (pseud.: Karl Ehrlich), "Den Ikkevoldelige Modstand: den Kvalte Kapp-Kupet," in K. Ehrlich, N. Lindberg, G. Jacobsen, *Kamp Uden Vaaben* (Copenhagen: Levin & Munksgaard, Einar Munksgaard, 1937), pp. 194–213. 〔なお、ロロフの筆名はカール・エーリッヒ〕
John Wheeler-Bennett, *The Nemesis of Power* (New York, St. Martin's Press, 1953), pp. 63–82. 〔ジョン・ウィラー＝ベネット『権力のネメシス――国防軍とヒトラー』山口定訳、みすず書房、一九八四年〕
Sharp, *The Politics of Nonviolent Action*, pp. 40–41 and 79–81.
〔上杉重二郎『統一戦線と労働者政府』風間書房、一九七八年、全八三八頁、特に第一～第四章〕
〔有沢廣巳『ワイマール共和国物語』上下巻、東京大学出版会、一九九四年、二〇一～二〇六頁〕

フランス領アルジェリアにおけるクーデターへの抵抗については、以下による。
Adam Roberts, "Civil Resistance to Military Coups," *Journal of Peace Research* (Oslo), vol. XII, no. 1 (1975), pp. 19–36.
　本文中の引用は全てこの資料による。

ルール闘争については、以下による。
Wolfgang Sternstein, "The Ruhrkampf of 1923," in Adam Roberts, ed., Civilian Resistance as a National Defense (Harmondsworth, England, and Baltimore, Md.: Penguin Books, 1969), pp. 128–161.

チェコスロヴァキアの抵抗については、以下による。
Robert Littell, ed., *The Czech Black Book* (New York Praeger, 1969).
Robin Remington, ed., *Winter in Prague* (Cambridge, Mass: M. I. T. Press, 1969).

Philip Windsor, Adam Roberts, *Czechoslovakia 1968* (New York, Columbia University Press, 1969).
Vladimir Horsky, *Prag 1968: Systemveränderung und Systmverteidigung* (Stuttgart: Ernst Klett Verlag and Munich: Kösel-Verlag, 1975).
H. Gordon Skilling, Czechoslovakia's Interrupted Revolution, (Princeton, N.J.: Princeton University Press, 1976).
〔A・ドプチェク『証言――プラハの春』熊田亨訳、岩波書店、一九九一年〕
〔みすず書房編集部『戦車と自由――チェコスロバキア事件資料集』全二巻、みすず書房、一九六八年〕
〔イジー・ホフマン編『希望は死なず――ドプチェク自伝』森泉淳訳、講談社、一九九三年〕

第一章　訳注

（1）拒否的抑止論は「合理的抑止」論のこと、および懲罰的抑止論は「倍返し」論に当たる。植木千加子『平和のための戦争論』ちくま新書、二〇一五年、九〇頁。

（2）Gene Sharp, *Making Europe Unconquerable* (Ballinger Publishing Company,1985, p. 33）に同じ定義がある。

（3）本書は一九九〇年一月一〇日に擱筆している。ベルリンの壁崩壊は一九八九年一一月九日深夜、再統一は一九九〇年一〇月三日である。

（4）ユーゴスラビアとソ連の事例は、第二次大戦中の対独「非正規の軍事活動」を指し、チトー率いるパルティザン部隊、ソ連大祖国戦争中の赤色パルティザンが著名。なおアルジェリア戦争（一九五四～六二年）中のＦＬＮと仏軍との戦い、および第一次インドシナ戦争（一九四六～五四年）でのホーチミン率いるゲリラ部隊と仏軍との戦い、第二次インドシナ戦争（一九六〇～七五年）での対米ゲリラ抗戦を指そう。なおスペイン語ゲリラ（guerrilla）は戦争（guerra）＋縮小辞（illa）で「小戦争」の意、一八〇八年ナポレオン軍に抵抗する不正規の民兵組織が起源。なおパルティザン（partisan）は一七世紀のフランスに発し主戦派（war-party）の指導者を指した。今日「党派心に染まった者」をも指す。『政治学事典』の「ゲリラ」「パルチザン」「レジスタンス」など参照。

(5) 市民的防衛(civilian defense)と類似した民間防衛(civil defense)は、有事・緊急事態において市民が生命資産の被害を最小限に抑えようとする諸活動を言う。市民が武器を持たないで国防の任に当たる市民的防衛・市民力による防衛と考え方が全く異なることに留意。一例として『民間防衛』(原書房、二〇一四年)四〇頁以下。シャープ『武器なき民衆の抵抗』(小松茂夫訳、れんが書房新社、一九七二年)九六頁参照。

(6) 各事例の要点のみを示す。ポーランドでは一九五六年ゴムルカの自由化体制が成立し、一九七〇〜七一および七六年には食料等の値上げ反対の暴動や抗議が起き、一九八〇年九月には連帯が結成された。一九四四年のエルサルバドルの軍事独裁者はゼネストによって、同年グアテマラの軍事独裁者はデモ・ゼネスト・米国の非難によって崩壊した。イラン革命で国王(シャーShah)モハンマド・レザー(在位一九四一〜七九年二月)が退位した。一九五三年六月一六〜一七日東ドイツでの賃金カットに対する建設労働者の暴動、翌日鎮圧された。ハンガリー革命は一九五六年一〇月二三日から一一月三日までの非暴力闘争中心期、および四日から一一月一〇日までのソ連による鎮圧期に分かれる。南ベトナムの仏教徒による、一九六三年のゴ・ディン＝ジエム(在任一九五五〜六三年被殺害。熱烈なカトリック教徒で仏教徒を弾圧)政府への、また一九六六年のサイゴン体制(一九六五〜七五年のグエン・バン＝チュー。政権の腐敗甚だしい)への抵抗運動である。ヴォルクタ(Воркута)はウラル山脈西部の炭坑町でソ連最大の強制労働収容所があり、囚人を石炭採掘に使った。

(7) 数例の要点のみ記す。ハンガリー人は独立を求めてオーストリア＝ハンガリー二重帝国(一八六七〜一九一八年)の成立に反対した。フィンランドは一八〇九年から一九一七年一二月五日の独立に至るまでロシアの支配下にあり一九世紀末から二〇世紀初頭にかけて非暴力の独立運動が熾烈となった。一九一九年三月一日に始まる朝鮮人の日本からの非暴力独立運動は失敗に終わっている。

(8) 以下各国の抑圧的政治体制を略述する。チリにおけるアウグスト・ピノチェト(一九七三〜九〇年)の苛烈な軍事独裁。イランにおけるモハンマド・レザー王（一九七八～七九年）への革命運動。ブラジルの一九六四～八五年の軍事独裁。メキシコの一九二九～二〇〇〇年の軍事独裁。中国の毛沢東による文化大革命（一九六六～七六年）。ソ連邦における一九七〇～八〇年代の公民権闘争とユダヤ人の抵抗。ハイチにおけるデュバリエ父子（一九五八～八六年）の苛烈な独裁。フィリピンのマルコス独裁（一九六五～八六年）。インドの第八代大統領インデラ・ガンディーは一九八四年一〇月シク教徒により暗殺され、その息子ラジーヴ・ガンディー第九代大統領も一九九一年五月イスラム教徒により暗殺された。南アフリカの一九七六年のソウェト蜂起から一九九四年のネルソン・マンデラ大統領誕生前までのアパルトヘイト。ビルマのネ・ウィン独裁（一九六二～八八年）。ハンガリー勤労者党の一党独裁（一九四九～八九年）。南朝鮮の全斗煥軍事体制（一九七九～八八年）。一九八五年フランス海外県のニューカレドニアにおける独立運動。チェコスロヴァキアのプラハの春（一九六八～六九年）。パキスタンにおけるムハンマド・ズイヤー＝ウル＝ハクの軍事独裁（一九七八～八八年）。パナマのオマール・トルホスの軍事独裁（一九六八～八一年）。パレスチナにおける一九八七年のインティファーダ（民衆蜂起）。

（9）「反ユダヤ人法（Anti-Jewish laws）」は、一九三三～四五年の間、ナチ・ドイツおよびその衛星諸国が公布した、二千に及ぶ「ユダヤ人の市民権剝奪」法の総称。アンネの日記から、「一九四二年六月二〇土曜日……ユダヤ人弾圧のための法令が、つぎからつぎへと出され、わたしたちの自由はどんどん制限されてゆきました。」ユダヤ人は黄色い星印をつけなくてはいけない、ユダヤ人は電車に乗ってはいけない、ユダヤ人は午後の三時から五時までのあいだにしか買い物ができない、ユダヤ人は劇場や映画館、その他の娯楽施設に入ることは許されない。（『アンネの日記』深町真理子訳、文春文庫、二〇一五年、二五～二六頁）。例えばこの法律はイタリアのような同盟国で、フランスのような傀儡政権下で、また占領下の国々でも制定されていった。Anti-Jewish Legislation-Yad Vashem, SHOAH Resource Center. および Anti-Jewish Decrees, British Library Learning, Voices of the Holocaust（retrieved, 14/12/2015）.

(10) カップ一揆の詳細については、三石「武器なき国防――〈カップ一揆〉を押し潰す」、『筑波学院大学紀要』第一一集、二〇一六年三月。シャープの見解と異なるところがある。

(11) 一九一六年八月にヒンデンブルク参謀総長・ルーデンドルフ参謀次長体制となり、お飾りの総長に代わって実権を掌握。一九二三年ヒトラーと共にミュンヘン一揆を起こす。一九三五年、『総力戦(*Das totale Krieg*)』を著わす。

(12) ワイマル憲法下で各ラントの王候が退位し王国(Land)から共和国の州(Freistaat)に格下げされた。一例としてプロイセン王国(Königreich Preussen)は、プロイセン自由邦=プロイセン州(Freistaat Preussen)となる。

(13) 一九五四年一一月一日の蜂起から六二年三月一九日の戦勝記念日までのアルジェリア戦争(なお独立宣言は六二年七月三日)。独立拒否派は特権的支配階級である欧系植民者・特権ムスリム・仏軍であり、これに対する独立派はド・ゴール政権、被抑圧の多数派ムスリム、FLN。この対立が基本構造である。

(14) ジュアン・クレパン将軍は大戦中ド・ゴールの股肱であり、ド・ゴールは将軍を一九六〇~六一年アルジェリア仏軍の最高司令官に任命した。同六一年にはNATO軍の駐ドイツ仏軍の指揮官に転じ、六三年には中欧NATO軍の指揮官となっている(Gen. Jean Crépin, 87, Developer of French Missile, By Eric Pace, NY Times, May 10, 1996)。この記事から将軍の「信頼性」を疑うことは困難であるが、将軍がアルジェリアの最高指揮官であったことが、反政府の疑いありと見られたのかもしれない(待考)。

(15) 第一六条(非常事態権限)第一項「共和国の諸制度、国の独立、領土の保全……が重大かつ切迫した脅威にさらされ……た場合には、共和国大統領は……状況により必要とされる諸措置を採る」。第五項まである。高橋和之編『[新版]世界憲法集』(岩波文庫、二〇〇七年)二八五頁。

(16) モーリス・シャール空軍大将は一九六八年ド・ゴールにより恩赦。アンドレ・ゼレール陸軍大将は反乱が失敗して二日後に自首し、一九六八年に特赦。エドモン・ジュオー空軍大将は一九六二年三月に逮捕され、六八年に恩赦。ラウル・サラン空軍大将は一九六二年四月に逮捕、六八年に恩赦。ビゴ将軍もニコ将軍も共に一九六五年に釈放されている。

（17）一八〇一年グレートブリテン王国はアイルランド王国を併合、一九三八年英国は独立を承認した。

（18）一六九九年オスマントルコはハンガリーをオーストリアに轄譲。一八四八年二月ハンガリー革命は挫折し、一八六七～一九一八年までオーストリア＝ハンガリー二重帝国となる。なおインド人の独立運動とは、ガンディー主導の非暴力反英運動、特に一九一九～二二年および一九三〇～三一年の全インドサティアグラハ闘争が著名である。

（19）ルール闘争の非暴力闘争の観点からする専門的論考は、Wolfgang Sternstein, 'The Ruhrkampf of 1923: Economic Problems of Civilian Defence', in Adam Roberts ed., *Civilian Resistance as a National Defence*, Penguin Books, 1967, pp. 128–161. 概説書は、エーリヒ・アイク『ワイマル共和国史』（Ⅰ・Ⅱ、救仁郷繁訳、ぺりかん社、一九八四年）、有沢広巳『ワイマール共和国物語』（上下巻、東京大学出版会、一九九四年）、林健太郎『ワイマル共和国』（中公新書、一九八七年、三六版）など。

（20）エーベルト大統領下のクノー内閣（一九二二年一一月二二日～二三年八月一二日）はストとスト中の給与支給を指令した。なお、続くシュトレーゼマン内閣（一九二三年八月一三日～一一月二三日）のレンテンマルクの発行（二三年一一月一五日）でハイパーインフレは終息する。

（21）英・仏・ベルギー・オランダからなる賠償委員会のこと。委員長は対独最強硬派の仏のポアンカレ首相である。

（22）マルクは一九二一年六月に一ドル六九マルク、一九二三年一月に一ドル一万七九七二マルク、同年六月に約一一万マルク、同年九月には約九千九百万マルク、同年一一月には四兆二千億マルクと暴騰した。一九二三年一一月一五日シュトレーゼマン首相による、一対一兆マルクの通貨切り下げが成功、これを「レンテンマルクの奇跡」という。

（23）共産党のテールマンによる一〇月二三日ハンブルクでの蜂起と極右団体の一一月八～九日ミュンヘン一揆

（ヒトラーとルーデンドルフ）がある。州で発生したクーデターは、一〇月一〇日ザクセンに連合政府、一〇月一六日チューリンゲン州政府が成立している。

（24）一九六八年一月五日ドプチェクが第一書記に就任し「人間の顔をした社会主義」を目指す。チェコスロヴァキアの知識人たちは同年六月二七日「二千語宣言」を出すも、七月二一日ソ連はこれを「正真正銘の反革命」と非難した。

（25）アロイス・インドラ（Alois Indra）、ヴァジル・ビリャーク（Vasil Bilak）、ドラホミール・コルデル（Drahomir Kolder）らは、クーデター断行後「労農革命政府」樹立宣言を行うべく大統領に承認を求めたが、断固拒否された。

（26）ストックホルムでアイスホッケーの世界選手権大会が開かれ、一九六八年三月二八日夜七時から九時半までソ連とチェコが対戦し、チェコが四対三で勝った。瞬時にチェコスロヴァキア全土が沸き立ち、プラハでは一五万人が街頭に出て巨大な反ソデモとなる。親ソ派の扇動分子の数人の者がアエロフロート事務所に投石し、窓ガラスを割った（『ドプチェク自伝』三九八頁によれば、これは親ソ派の挑発行為という）。三月三一日『プラウダ』はこれをソ連への「襲撃」と断じて一挙に強硬路線を取ることになった。

（27）紀元前四八〇年スパルタのレオニダス王率いる三百人のスパルタ将兵が、ペルシャのクセルクセス王率いる二一万人と戦い全員戦死した（ヘロドトス『歴史』第七巻、二二三～二二九節、岩波文庫（下）一四一頁以下）。なおテルモピュレー（Thermopylae）は「熱い（θερμο, ex: 魔法瓶 thermos）＋門・縊路（πύλαι）」であって、アテネの西北西約二〇〇kmの所、テッサリアを経て東欧に北上する縊路・急峻な要衝の地であり、かつ熱湯が川をなす温泉地でもある。

第二章　原注

権力に関するこの分析の更なる詳細と文献については、以下。

Gene Sharp, *The Politics of Nonviolent Action* (Boston:Porter Sargent, 1973), pp. 7–62.

Gene Sharp, *Social Power and Political Freedom* (Boston: Porter Sargent, 1980), pp. 21–67.

理論家の中でその洞察が権力分析の展開の中で用いられているものは、オーギュスト・コント（Auguste Comte）、T・H・グリーン（T. H. Green）、エロル・E・ハリス（Errol E. Harris）、エティエンヌ・ド・ラ・ボエシ（Etienne de la Boetie）、ハロルド・D・ラスウェル（Harold D. Lasswell）、ジョン・オースティン（John Austin）、シャルル・ド・モンテスキュー（Baron de Montesquieu）、ジャン＝ジャック・ルソー（Jean-Jacques Rousseau）、ウィリアム・ゴドウィン（William Godwin）、ベルトラン・ド・ジュヴネル（Bertrand de Jouvenel）、ロバート・マッキーバー（Robert MacIver）、チェスター・I・バーナード（Chester I. Barnard）、ニッコロ・マキャヴェッリ（Niccolo Machiavelli）、W・A・ラドリン（W. A. Rudlin）、マックス・ヴェーバー（MaxWeber）、ハーバート・ゴールドハンマー（Herbert Goldhamer）、エドワード・A・シルス（Edward A. Shils）、カール・W・ドイッチュ（Karl W. Deutsch）、ジェレミー・ベンサム（Jeremy Bentham）、ゲオルク・ジンメル（Georg Simmel）、E・V・ウォルター（E. V. Walter）、フランツ・ノイマン（Franz Neumann）、デイヴィッド・ヒューム（David Hume）、トマス・ホッブズ（Thomas Hobbes）、ジャック・マリタン（Jacques Maritain）、アレクシ・ド・トクヴィル（Alexis de Tocqueville）。前掲拙著には彼らの著作からの特定の事項に関する引用を含んでいる。

非暴力闘争における失敗・成功に関わる要因については、下記を参照、

Sharp, *The Politics of Nonviolent Action*, pp. 726–731, 754–755 and 815–817.

ラ・ボエシの引用は以下より。

Etienne de la Boétie, "Discours de la Servitude Volontaire," in *Oeuvres Completes d'Etienne de la Boétie* (Paris. J. Rouam & Cie., 1892), p. 12 and pp. 8–11.〔「自発的隷従について」、マデリーン・シュヴァリエ・エムリック(Madeleine Chevalier Emrick)による英語訳がある。以下の邦訳も参照、『自発的隷従論』西谷修監修、山上浩嗣訳、ちくま学芸文庫、二〇一三年〕

Boétie, *Anti-Dictator,: The "Discours sur la servitude volontaire" of Etienne de la Boétie*, trans. by Harry Kurz (New York: Columbia University Press, 1942).

ヒトラーの引用は、以下より。

Alexander Dallin, *German Rule in Russia 1941–1945* (New York: St. Martin's, 1957), p. 498.

第二章　訳注

(1) アインシュタインのルーズヴェルト大統領への手紙"Einstein to Roosevelt, August 2, 1939"で、「ウランによる核連鎖反応」により「極めて強力な新型の爆弾の製造」の可能性を示唆し、原子爆弾開発のきっかけとなる。具体的に「マンハッタン計画」として動き出すのは一九四二年九月からである。

(2) 『近代日本総合年表』第三版、岩波書店、一九九一年、「一九四五(昭和二十)八・六」の条に、B29、広島に原子爆弾投下(死者二万五三七五人、被爆当日)、八・九長崎に原子爆弾投下(死者一万三二九八人)、(一九九〇年五月一五日、厚生省、両市の死没計二九万五九五六人と発表)。加藤尚武『戦争倫理学』ちくま新書、二〇〇三年、第五章参照。

（3）シャープは、*Social Power and Political Freedom*（Boston, 1980）所収の同名論文中で、「政治権力は、とりわけ政府機関・国家・この両者に抵抗する集団である権力保持者の目的を達成するために用い、入手可能な手段・影響・圧力（権威・報酬・制裁を含む）の総計として定義される」（二七頁）と述べている。シャープの政治権力論は、政治権力を下部構造・経済力に見るマルクス主義とも、政治権力の正統性を「合法性・伝統・カリスマ」に見るウェーバーの考えとも、権力獲得の基底を「権力・尊啓・徳義・愛情・健康・富・技術・開明」といった個人的資質に見るラスウェルの権力観とも異なっている。

（4）エティエンヌ・ド・ラ・ボエシ（Etienne de la Boetie 一五三〇〜六三年）。仏の判事。市民的非協力論の嚆矢。モンテーニュの親友。『自発的隷従について（*Discours de la servitude volontaire*）』、邦訳は『自発的隷従論』西谷修監修、山上浩嗣訳、ちくま学芸文庫、二〇一三年。訳文はこの邦訳に従う。引用は順に二二頁、二〇頁（なお二四頁も参照）。執筆時期についてモンテーニュは一八歳（一五四八年）ではなくて一六歳（一五四六年）としているという（邦訳一三七頁、一六〇頁注一四参照）。なおトルストイは『愛と暴力』（原書一九〇八年、藤本良造訳、現代教養文庫、社会思想研究会出版部、一九六〇年、五八〜六一頁）でラ・ボエシを引用しており、シャープもこの点を指摘している（Sharp, *The Politics of Nonviolent Action*, p. 59 n. 158）。

（5）この二つの説の典拠未詳。ただし前者は毛沢東の一九二七年「八・七緊急会議」での「政権是由槍桿子中取得的（政権は銃身によって取るものだ）」によるものか。後者は例えば、クラウゼヴィッツ『戦争論』第一編「第三の交互作用」の「我が方の力を敵よりも優勢ならしめること」（岩波文庫版、上三四頁）の敷衍か。

（6）シャープの論文「戦争の廃絶を実現可能な目標とするために」（一〇六頁）にもこの引用がある。巻末の追加文献案内参照。

（7）"Loci of power"を「権力が存在し、収斂し、表出する多数の場所」という定義から〈遍在する権力核〉とした。ヘルマン・ヘラーの権力核（Machtkern）の借用である。なおLoci/lóusai はラテン語 locus（場所・立脚点）の複数形である。

（8）専制政治（tyranny）、独裁政治（dictatorship）は権力運用の形式（権力の振るい方）による分け方で政治体制には含めない。双方とも法治・自由を否定する支配であるが、専制が拘束なき単独者（暴君）による支配、独裁は権力の集中による支配（独裁者）に特色がある。リンスの「民主主義体制・権威主義・全体主義・スルタン主義・ポスト全体主義」の五政治体制でいえば、権威主義体制の自由と民主の否定、全体主義・ポスト全体主義の一党独裁、スルタン主義の完全に恣意的な専制政治が際立っている。『政治学事典』（平凡社、一九六九年）、『現代政治学事典』（大学教育社、一九九一年）の各項目参照。

第三章　原注

本章中の実例と文献資料の分析と要点とを併記した、非暴力闘争の本質に関する詳しい記述と分析については、以下を参照。

Gene Sharp, *The Politics of Nonviolent Action* (Boston: Porter Sargent, 1973), pp. 63–817.

この書物は、政治的柔術（political jiujitsu）の過程と三つの変化の仕組〔回心・妥協・非暴力的威圧〕を含む非暴力行動の特徴・方法・変化の力学を分析している。「非暴力的威圧」から「崩壊」が分離されたのは、この書物の刊行後である。

本章で簡潔に引用されている多くの事例は、前掲 *The Politics of Nonviolent Action*（以下 TPONA）からとられている。本章中の引用事例で出典の明示されていないものは、TPONA の索引と脚注を参照されたい。本章での同書からの引用については頁数と脚注番号とを記載したので、原資料は容易に捜出されるだろう。原資料を全文引用したものもある。ここでの引用の順は TPONA に従っている。

エルサルバドルの事例については、次を参照。

Patricia Parkman, *Nonviolent Insurrection in El Salvador: The Fall of Maximiliano Hernandes Martinez* (Tucson: University of Arizona Press, 1988).

グラテマラの事例に関する短い記述は、TPONA, pp.90–93.

ハンガリーの作家たちの覚書については、TPONA, p. 125, n. 33.

婦人参政権デモについては、TPONA, p.126, n. 39.

ブルガリアのユダヤ人による行動については、TPONA, p. 153, n. 178. 出典は以下。

Matei Yulzari, "The Bulgarian Jews in the Resistance Movement," in Yuri Suhl, *They Fought Back: The Story of Jewish Resistance in Nazi Europe* (New York Crown Publishers, 1967), pp. 277–278.

ブラジル人のデモに関する資料は以下。

Maria Elena Alves, lectures at the Program on Nonviolent Sanctions, Center for International Affairs, Harvard University, March 16, 1986.〔ハーヴァード大学国際問題研究所「非暴力制裁に関するプログラム」での講演〕

チェコ人の新聞不買運動については、TPONA, p. 222 n. 21. および以下も参照。

Josef Korbel, *The Communist Subversion of Czechoslovakia 1938–1948* (Princeton, N.J.: Princeton University Press, 1959).

東ベルリンのデモに関する情報は、*New York Times*, November 5, 1989, p. 1.

プラハのデモについては、*New York Times*, November 26, 1989, p. 1.

チェコスロヴァキアの二時間のゼネラルストライキについては、*New York Times*, November 28, 1989, p. A1.

ライプチヒ国家保安省支部の「人民の調査」については、*Die Zeit* (Hamburg), Dezember 22, 1989, p. 6.

並行政府組織に関するマッカーシーの引用は以下より。

Ronald M. McCarthy, "Resistance, Politics and the Growth of Parallel Government in America 1765–1775," in Walter Conser, Ronald M. McCarthy, David Toscano, Gene Sharp, eds., *Resistance, Politics and the American Struggle for Independence, 1765–1775* (Boulder, Colo.: Lynne Rienner Publishers, 1986), p. 498. pp. 472–524 の全章も関連する。

同書所収の以下の論文も参照。

David Ammerman, "The Continental Association: Economic Resistance and Government by Committee," pp. 225–277.

並行政府に関するさらなる論議については、TPONA, pp. 423–433.

ロシア一九〇五年革命については、以下。

Sidney Harcave, *First Blood: The Russian Revolution of 1905* (New York Macmillan, 1964, and London: Collier-Macmillan, 1964).

Solomon M. Schwartz, *The Russian Revolution of 1905: The Workers' Movement and the Formation of Bolshevism and Menshevism*, trans. by Gertrude Vakar, with a preface by Leopold H. Haimson (Chicago and London: University of Chicago Press, 1967), especially pp. 129–195.

Richard Charques, *The Twilight of Imperial Russia* (London: Phoenix House, 1958), pp. 111–139.

Leonard Schapiro, *The Communist Party of the Soviet Union* (New York Random House, 1960, and London: Eyre & Spotiswoode, 1960), pp. 63–70 and 75.

Hugh Seton-Watson, *The Decline of Imperial Russia, 1855–1914* (New York: Frederick A. Praeger, および London: Methuen & Co., 1952), pp. 219–260.

Bertram D. Wolfe, *Three Who Made a Revolution* (New York Dial Press,1948, and London: Thames and Hudson, 1956), pp. 278–336.

Michael Prawdin, *The Unmentionable Nechaev: A Key to Bolshevism* (London: Allen and Unwin, 1961), pp. 147–149.

ロシア一九一七年二月革命については、特に以下。

George Katkov, *Russia 1917: The February Revolution* (New York: Harper & Row, 1967).

デンマークの非合法新聞については、以下。

Jeremy Bennett, "The Resistance Against the German Occupation of Denmark 1940–45," in Adam Roberts, ed., *Civilian Resistance as a National Defence* (Harmondsworth, England, and Baltimore, Md.: Penguin Books, 1969), p. 200.

一九五六～五七年のハンガリー革命については、例えば以下。

Report of the Special Committee in the Problem of Hungary (New York: United Nations, General Assembly Official Records, Eleventh Session, Supplement No. 18-A/3592 1957).

労働者評議会については、特に以下。

Hannah Arendt, *On Revolution* (New York: Viking Press, and London: Faber & Faber, 1963).

一九八〇年以降のポーランド人の運動については、例えば以下。

Nicholas Andrews, *Poland, 1980–1981: Solidarity Against the Party* (Washington, D.C.: National Defense University Press, 1985).

Madeleine Korbel Albright, *Poland: The Role of the Press in Political Change* (New York: Praeger, 1983).
Timothy Garton Ash, *The Polish Revolution: Solidarity 1980–1982* (London: Jonathan Cape, 1983).
Ross A. Johnson, *Poland in Crisis* (Santa Monica, Ca.: Rand Corporation, 1982).
Leopold Labedz, and the staff of *Survey* magazine, *Poland Under Jaruzelski* (NewYork: Charles Scribner's Sons, 1984).
Jan Joseph Lipski, *KOR: A History of the Workers' Defense Committee in Poland, 1976–1981* (Berkeley, Los Angeles, および London: University of California Press, 1985).

フランスにおけるユダヤ人救済時の恐怖心払拭の役割については、TPONA, p. 549, n. 105. この原資料は以下。
Gerald Reitlinger, *The Final Solution: The Attempt to Exterminate the Jews of Europe 1939–1945* (New York: A. S. Barnes, 1961), p. 328.

アラバマ州モンゴメリー市における恐怖心の払拭、およびマーチン・ルーサー・キングJr.の引用は以下より。
TPONA, p. 548, nn. 100–101.

マニラにおける軍の戦車の阻止については、以下。
Monina Allarey Mercado, ed., *People Power: The Philippine Revolution of 1986. An Eyewitness History* (Manila: James B. Reuter, S.J. Foundation, 1986), chapter five.

ダラサナ非暴力攻撃を含むインド人の一九三〇～一九三一年における運動の様相については、以下。
Sharp, *Gandhi Wields the Weapon of Moral Power: Three Case Histories*, introduced by Albert Einstein (Ahmedabad Navajivan Publishing House, 1960), pp. 37–226.

S. Gopal, *The Viceroyality of Lord Irwin,1926–1931*（London: Oxford University Press, 1957）, pp. 54–122.

さまざまな形態の暴力的闘争に対して、他方の側が非暴力闘争で迎え撃っている場合の死傷者の比率に関する本格的な比較統計的研究はまだ出ていない。これについての簡単な論議は、TPONA, pp. 583–586でなされているが、不十分である。分散している統計資料の暴力的戦闘における死傷者数は、本書で精査し引用した非暴力闘争での同様な統計資料と比べた場合、その差は厖大であるばかりか、一貫して常に巨大なものであることを示している。闘争の規模・関与した人々の数・体制と人々の性質・問題になっている争点の種類等々さまざまな要素を考慮に入れた、そのような死傷者数の比較研究に、どなたかが早急に着手してくれることが望まれる。

フィンランド人の抵抗については、TPONA, pp. 593–594, n. 93. 原資料は以下。

William Robert Miller, *Nonviolence: A Christian Interpretation*（New York: Association Press, 1964）,p. 247.

プラハにおける非暴力デモ隊への抑圧については、*New York Times,* December 15, 1989, p. A17.

一九二四～二五年のヴァイコム・サティアグラハ（Vykom satyagraha）については、TPONA, pp. 82–83 and n. 18. この原資料は以下。

Joan V. Bondurant, *Conquest of Violence: The Gandhian Philosophy of Conflict*（Princeton, N.J.: Princeton University Press, 1958）, pp. 46–52.

Mohandas K. Gandhi, *Non-violent Resistance*（New York: Schocken Books, 1967）.

同書のインド版は *Satyagraha*（Ahmedabad:Navajivan Publishing House,1951）, pp. 177–203.

Mahadev Desai, *The Epic of Travancore*（Ahmedabad:Navajivan, 1937）.

非暴力行動における戦略的原理の導入的議論は、TPONA, pp. 492–510.

ペシャワール撤兵については、TPONA, pp. 335, 432, 675, 747. 以下も参照。
S. Gopal, *The Viceroyality of Lord Irwin 1926–1931*, pp. 68–69.

フィリピン人コンピューター技師たちの退席ストライキ（walkout）については、以下。
Mercado, *People Power*, pp. 67, 75–76.

ノルウェーの教師たちの抵抗については、参照。
Gene Sharp, *Tyranny Could Not Quell Them*, pamphlet (London: Peace News, 1958, and later edition).

一九五三年東ドイツ蜂起の様相については、以下。
Stefan Brandt, *The East German Rising* (New York: Praeger, 1957).
Theodor Ebert, "Non-violent Resistance Against Communist Regimes?," in Roberts, *Civilian Resistance as a National Defence*, chapter 8.

アメリカの英国籍植民地住民の非協力運動の経済的影響については、以下。
Conser et al., *Resistance, Politics, and the American Struggle for Independence*.

インド人の英国商品不買運動の経済的影響については、TPONA, pp. 751–752, nn. 184–189.

アラブの石油禁輸出については、以下。

Mohammed E. Ahrari, *The Dynamics of Oil Diplomacy: Conflict and Consensus* (New York: Arno Press,1980), chapter 6.

Sheikh Rustum Ali, *OPEC: The Failing Giant* (Lexington, Ky.: University Press of Kentucky, 1986), chapter 5.

カップ一揆に対するストライキについての引用は、以下より。

S. William Halperin, *Germany Tried Democracy: A Political History of the Reich from 1918 to 1933* (Hamden, Conn.: Archon Books, 1963 [1946]), pp. 179–180.

ナチのゼネスト禁止については、TPONA, p. 532, n. 43. 原資料は以下。

Jacques Delarue, *The Gestapo: A History of Horror* (New York: William Morrow, 1964), p. 8.〔ジャック・ドラリュ『ゲシュタポ・狂気の歴史』片岡啓治訳、講談社学術文庫、二〇〇〇年、三九―四〇頁〕

軍人の辞職に対するナチスの恐れについては、TPONA, p. 753, n. 192. 原資料は以下。

Walter Görlitz, *History of the German General Staff 1647–1945*, trans. by Brian Battershaw (New York: Praeger, 1962), p. 319. See also p. 341.

東ドイツ蜂起の間の反乱については、TPONA, p. 753, n. 194.

チェコスロヴァキアにおけるロシア軍の士気問題とそれに伴う配置転換については、以下。

Robert Littell, ed., *The Czech Black Book: Prepared by the Institute of History, Czechoslovak Academy of Sciences* (NewYork:

Praeger, 1969), pp. 212–213.

アリストテレスの引用は、以下より。

The Politics, trans. by T. A. Sinclair, revised by Trevor J. Saunders (Harmondsworth, England, and Baltimore, Md.: Penguin Books, 1983 [1981]), pp. 227 and 231.

「一枚岩の亀裂（cracks in the monolith）」は、以下の論文より引用。

Karl Deutsch, "Cracks in the Monolith," in Carl J. Friedrich, ed., *Totalitarianism* (Cambridge, Mass.: Harvard University Press, 1954), pp. 308–333.

独裁体制の弱点については、以下。

Gene Sharp, "Facing Dictatorships With Confidence," in *Social Power and Political Freedom* (Boston: Porter Sargent, 1980), pp. 91–112. 同書における引用部分の原資料も参照。

第三章　訳注

（1）東欧革命は「ポーランド一〇年、ハンガリー一〇か月、東ドイツ一か月、チェコスロヴァキア一〇日間、ルーマニア一〇時間」とも報道されたようだ（藤本和貴夫他編『ソ連・東欧の体制変動』インパクト出版会、一九九一年、一三八頁）。以下各国の状況を概略する。八九年八月二一日ポーランドでは連帯の非共産党員マゾヴィエツキが首相となる（共産圏で初めてのこと）。八九年一〇月一八日東独でホーネッカー体制崩壊。同八九年一〇月一八日ハンガリー国会は党の指導的役割を憲法から削除。同年一一月一〇日ブルガリアで三五年間の独裁トドル・ジフコフ体制崩壊。同年一二月一〇日チェコスロヴァキアでフサーク大統領辞任。同年一二月二二日ルーマニア政権崩壊（一二月二五日チャウシェスク夫妻処刑）。シャープ閣筆の一九九〇年一月一〇日以後、一九九〇年一〇月三日にはドイツ再統一。一九九一年八月一九日の「ソ連八月クーデター」を機にエストニア、ラトビアが独立宣言。一九九一年六月二五日スロベニアの分離独立でユーゴスラビアの解体が始まり、二〇〇六年六月三日のモンテネグロの独立でユーゴスラビア連邦の消滅。そして一九九一年一二月二五日ソ連の崩壊である。ヴィクター・セベスチエン『東欧革命1989』（三浦元博他訳、白水社、二〇〇九年）参照。なおフィリピンにおける大統領選挙結果の改竄発覚によりマルコス大統領が亡命するのは一九八六年二月のこと。

（2）以下のゲリラ戦及び戦争の主要継続期間を略述すると、中国では八七会議の一九二七〜四五年。ユーゴでは一九九一〜九五年のクロアチア紛争や一九九六〜九九年のコソボ紛争。アルジェリアではFLN成立の一九五四〜六二年。ベトナムでは第二次インドシナ戦争の一九六〇〜七五年。第一次大戦は一九一四〜一八年。第二次大戦は一九三九〜四五年。三〇年戦争は一六一八〜四八年。百年戦争は一三三七〜一四五三年。

（3）シャープは全一九八の技法を三範疇に分けている。出典は *The Politics of Nonviolent Action*（1973）で、以下では二〇一二年の第一二版によりTPONAと略称して、難解な技法には簡単な説明を加え原頁数を併記した。日本語で入手し易い、瀧口範子訳『独裁体制から民主主義へ』（ちくま学芸文庫、二〇一二年）の巻末「非暴力行動198の方法」を参照。

（4）シャープによれば、上記パレード（parades）はバンド音楽付きの行進で、一九一三年ワシントンDCで女性投票権を求めてこれが実行された。争点によって場所が異なるマーチ（march）行進とは異なる（TPONA, pp. 152–154）。監視請願（vigils）の事例としては、一九一七年投票権を求めるオランダの女性たちが憲法起草中の建物の前で数週間、徹夜の監視と請願を行ったことが挙げられる（TPONA, p. 147）。象徴的大衆行為は国旗・シンボルカラー等で抗議の意を込める、等々である（TPONA, p. 135）。

（5）アルジェリアは一九六二年七月の独立後、臨時政府内のベンベラとベンヘッダが対立、九月ベンベラのもとに新国家が成立する。なお下文でブラジルは、一九六四～八五年まで軍事独裁政権であった。

（6）一九八九年一一月二四日共産党書記長のヤケシュが辞任し、六八年以降の政治弾圧の責任者は解任に迫られるも、フサーク大統領は辞任せず、共産党政権は継続した。それへの抗議である（フサークの辞任は八九年一二月一〇日）。ドプチェク『証言プラハの春』略年表六頁、『ドプチェク自伝』四五二頁参照。

（7）リュシストラティ（Lysistrati）は、紀元前四一一年上演の喜劇作家アリストパネス『女の平和』の、知力・意志力ある平和愛好の女主人公の名前。リュシ（λυσι）は解体する、ストラティア（στρατια）は軍隊、「軍を解く女」の意味。アテネとスパルタのペロポネソス戦争（前四三一～四〇四年）を、両国の女性たちのセックス・ストライキで、終わらせてしてしまうという筋（岩波文庫）。この喜劇上演の七年後に戦争が終わる。

（8）自宅待機（stays-at-home）とは二、三日間の自宅でのストのことである（TPONA, p. 199）。

（9）一九六八年農場労働者による最低賃金確保のためのカルフォルニア産のブドウの不買運動。一九六〇～九一年のアパルトヘイト下の南ア産品の不買運動。

（10）囚人のストとは待遇改善を求めて看守の命ずる作業を拒否することである（TPONA, p. 265）。

（11）「市民フォーラムは（一九八九年）一一月二七日月曜日にゼネストに突入するように呼び掛けた。……ゼネストは力量を問う象徴的な試練として設定され……労働者のほぼ全員がストに参加する意向であることが明らかになると、保守派の意思は潰えた」。セベスチェン『東欧革命1989』五四二頁。

（12）対独協力者クリスチャン・フォン・シャルブルク（一九〇六～四二年戦死）の名に因んで一九四三年に創設された、ドイツ武装親衛隊のデンマーク支部であり、かつ「デンマーク義勇軍」のこと。

（13）ヴォルフラム・ヴェッテ編『軍服を着た救済者たち――ドイツ国防軍とユダヤ人救出工作』（関口宏道訳、白水社、二〇一四年）では、ユダヤ人救済の一〇名の軍人の事績が挙げられている。

（14）新しい社会的行動様式の創出として、一八三〇年代米国の奴隷制度廃止論者たちが社会的に排斥されていた黒人たちと共に教会で礼拝した事例がある（TPONA, p. 391）。居残りストライキ（stay-in strike）は要求が通るまで仕事せず職場に居残ること（TPONA, p. 403）。別の経済的組織として、一九六七年黒人農場主たちの西南アラバマ農民協同連合が結成され、白人優遇の綿花市場に対抗した事例がある（TPONA, p. 416）。

（15）サンフランシスコ湾内の小島。かつて刑務所が置かれ監獄島ともいう（TPONA, p. 387）。

（16）国家保安省（Ministerium für Staatssicherheit）通称シュタージ（Stasi）、一九五四〜九〇年二月まで存続した。その地方支部には警衛保安隊（Wach-undSicherungseinheit）が置かれた。八九年一二月一一日時点の東ドイツでは、すでに八九年一〇月一八日ホーネッカー政権も、一一月九日深夜にはベルリンの壁も崩壊しており、さらに一二月一日には党の指導的役割が憲法から削除されて、脱共産主義化が急速に進んでいる状況であった（なお再統一は九〇年一〇月三日である）。

（17）一七七四年英国議会による植民地懲罰の五法律とは、ボストン港法（同港の閉鎖）・マサチュセッツ統治法（同州の直接統治）・裁判権法（英本土での裁判）・宿舎法（接収）・ケベック法（仏のカトリック優遇）の総称（TPONA, p. 685）。

（18）ゼムストヴォ（Земство）は地方自治会（議会）のことで、県会と執行機関である参事会とからなる。

（19）サティアグラハのサティア（サト）は真理、グラハは把握であり、「自分たちが正しい」の意味である。ガンディーは一九〇六年九月南アフリカのヨハネスバークでインド人に対する差別政策に反対してサティアグラハ闘争を開始し、一九一五年インドに戻ってからも不可触民や農民のためにサティアグラハ闘争を展開した。一九一九年四月反ローラット法（市民的自由の剥奪を規定）運動で「第一回全インド・サティアグラハ闘争」を敢行した。一九二〇年一二月から二二年二月まで「対英非協力の第二回全インド・サティアグラハ闘争」を、一九三〇年一月から三一年三月まで「対英不服従の第三次全インド・サティアグラハ闘争」を行った。坂本徳松『ガンジー』（清水書院、一九八八年）等参照。

（20）米の社会哲学者にして米における非暴力抵抗論の実質的創始者リチャード・グレッグ（Richard Gregg）

（一八八五〜一九七四年）の『非暴力の力』（*The Power of Non-Violence*, 1934, 1960）の中で、グレッグは非暴力行動を「道徳的柔術（moral jiu-jitsu）」と命名した。シャープはこれを「政治的柔術」と読み替えた。TPONA, ff. 657, p. 698, n. 1 参照。

（21）一七六五年印紙法（全ての印刷物に印紙を貼らせる直接税）、一七六七年タウンゼント法（生活必需品への課税）、そして一七七三年茶法（東インド会社救済措置）。三法に反対する植民地人の果敢な非暴力抵抗が起き、英議会は反抗・抵抗への懲罰として一七七四年「高圧的諸法」を立法し植民地への更なる収奪を強化した。これへの反発・抵抗の中から、一七七五年四月のレキシントンの闘いを偶発契機として、米独立戦争が始まるのである（TPONA, p. 685）。『政治学事典』「アメリカ合衆国の独立」など参照。

（22）ハンガリー革命は一九五六年二月二四日フルシチョフのスターリン批判に端を発する。同年一〇月二三日スターリン主義の現ゲレー政権への学生による抗議デモは、瞬時に全土に拡大、ゲレー解任の後一〇月二四日にはナジ元首相が臨時国民政府を組織し改革を進めようとするが国民の反ソ感情は激化し、一一月四日未明ソ連軍の戦車二千台がハンガリーに侵攻、一一月一〇日までにハンガリー軍を撃破した。ハンガリー側の死者二千七百人、負傷者一万四千人という。F・フェイト『スターリン以後の東欧』（岩波現代選書、一九七九年）一二一頁以下、特に一二七、一三四、一三八〜一三九頁。また木戸蓊『激動の東欧史』（中公新書、一九九〇年）四九〜五三頁。

（23）ヤルゼルスキ政府と連帯の関係はイデオロギーと経済政策とで激しく対立、一九八一年一二月一三日ヤルゼルスキ首相は戒厳令を発し、警察機動隊と軍隊を投入して連帯の拠点を襲撃、ワレサを含む連帯の幹部五千人以上を拘禁した。なおヤルゼルスキのこの措置は軍事クーデター（戦争状態）ではないという説がある（木戸蓊『激動の東欧史』一五八頁）。また諸組織の生き残りについては、木戸前掲書、一六〇頁参照。

（24）一九七六〜八三年アルゼンチン軍事政権は左派ゲリラ取締りを口実に苛烈を極める恐怖の弾圧を行い、労組、活動家、学生など死亡・行方不明者が多数発生した。概略はブルース・クウォリー『世界の秘密警察』（岡達

子訳、社会思想社、一九九一年)二六〜三二頁。

(25) 最終解決 (The Final Solusion) はライトリンガーの書名でもある (一九五三年)。なおゲシュタポは Geheime Staatspolizei であって、秘密国家警察のことである。

(26) 東ドイツの五〇〇以上の市町で起きたノルマ未達成者の賃金カットに反対する、全四〇〜一五〇万人に及ぶ巨大なデモ。二日目の六月一七日に完全に鎮圧された (TPONA, pp. 143, 172, 298)。

(27) 一九八六年「二月革命 (people power revolution)」により、コラソン・アキノ (一九三三〜二〇〇九年) が大統領に就任し、マルコス大統領 (一九一七〜八九年) はハワイに亡命した。発端は同年二月七日の大統領選挙 (マルコス対アキノ) で大掛かりな選挙結果の改竄が判明し、人々の巨大な反マルコス・デモが発生し継続する。二月二二日フィリピン国防軍が反マルコスを宣言し、二月二五日にはアキノ大統領政権が成立する。白石隆『海の帝国』(二〇〇三年、中公新書) の一六七頁以下にマルコス政権の分析がある。

(28) ワルシャワ・ゲットーはユダヤ人隔離地区のこと。ゲットー内のユダヤ人はトレブリンカ絶滅収容所に強制移送され始め、残ったものは、四三年四月一九日から五月一六日まで僅かな望みをかけて僅かな小火器で命の限り最後の瞬間まで戦い鎮圧された (TPONA, p. 715)。

(29) ガンディーの「塩の行進」(一九三〇年三月一二日から四月六日) に続く、一九三〇年五月四日から始まる「ダラサナ・サティアグラハ」運動である。TPONA, p. 86. 小松茂夫訳『武器なき民衆の抵抗』三七〜三八頁。

(30) 一九四三年三月ゲシュタポ本部近くの広場に約六千人の女性が釈放を求めて結集し、ゲシュタポに追い払われながらも再び広場に戻って抗議し、結局、釈放を勝ち取ったという稀な事件である (TPONA, pp. 89–90)。

(31) デンマーク・スウエーデン・フィンランドとロシアの間には一二世紀以来複雑な領域紛争が継続しており、フィンランドは一八〇九年からロシアの支配下に置かれ、一九一七年一二月六日、独立を宣言した。なおオフラーナは帝政ロシア内務省の警察部 (охранка 一八八〇〜一九一七年) の隊員のこと。革命後は人民委員会直属の (全ロシア) 非常委員会ЧК (Cheka 一九一七〜二二年) となり、組織が整い内務人民委員会部附属の国家政治保安部ГПУ（ＧＰＵ一九二三～五三年）となり、さらに（ソ連）国家保安委員会КГБ（ＫＧＢ一九五四～九一年）となる。なお解体後は（ロシア）連邦保安庁ФСБ（ＦＳＢ一九九一年～）である。『世界の秘密警察』九〇～一二一頁。

（32）Czech riot police を警察機動隊とした。チェコスロバキア共和国の警察制度（一九四五～九〇年）は平服の秘密警察隊（ＳｔＢ）と制服で通常の警察業務を遂行する公安隊に大別される。この一九八九年一一月一七日夜の事件はセヴェスチェン『東欧革命１９８９』五三二頁以下に、機動隊とＳｔＢによる学生・市民に加えた残虐行為が詳細である。

（33）ロシア二月革命（三月八～一二日）は、一九一七年三月八日の国際婦人デーでの食料配給の改善を求める静かな「パンの反乱」が、労働者の巨大なデモと兵士の反乱へと拡大し、三月一五日のニコライ二世の退位にまで至る。保田孝一『最後の皇帝　ニコライ二世の日記』（朝日新聞社、一九八五年）一九七頁以下。

（34）一九六〇年三月二一日、シャープビルにてパス法（身分証明書の常時携帯令）反対のデモ隊約五千に警官隊が発砲、婦女子を含む六九が死亡、一八六人が負傷した。このうち正面から弾丸を浴びたのは一五％に過ぎず、後は逃げる所を背後から撃たれた。一九九四年五月一〇日ネルソン・マンデラ大統領就任で終焉。伊藤正孝『南ア共和国の内幕』（中公新書、一九八八年、初版一九七一年）一七二頁。

（35）南ベトナム大統領（在任一九五五～六三年一一月二日）、この日逃亡中に射殺された。熱狂的カトリック教徒で仏教徒を弾圧した。

（36）Nicholas D. Kristof, "A Reassessment of How Many Died In the Military Crackdown in Beijing," (NY Times, June 21, 1989. ret. 2013/11/01) によれば、真相は不明としつつ、天安門広場での死者は「一二人の軍・警、四〇〇～八〇〇人の市民」という。今日ではこれがほぼ通説のようだ。ただしシャープは天安門以外の中国各地の死者も含めている。なお程翔『天安門事件と鄧小平』（花伝社、一九九〇年、一頁）は北京だけで二千余人という。

（37）インドのカースト制は、ブラーフマナ（バラモン）聖職者、クシャトリヤ王族・武士、ヴァイシャ平民（実業者）、シュードラ奴隷（従僕）の四カストの下に「アウト・カスト」すなわち不可触民（untouchable）があり、屠殺業、人糞処理、皮革業等に従事しており、宗教施設、ホテル、川・井戸の水場、公共道路、病院、学校等々の施設利用に制限があった。一九五〇年のインド憲法で「カースト差別禁止」が規定されたが、差別感覚は根深いようだ。ガンディーはヴァイコム・サティアグラハ運動（Vykom/Vaikom Temple Satyagraha）を起こし、勝利する。なおヴァイコム村は当時トラヴァンコール王国領（現ケーララ州）にある。『武器なき民衆の抵抗』（三九〜四〇頁）ではこの事件についてやや詳しい説明をしている。

（38）マハラジャー（Maharajah）は王の尊称。藩王国を指す。英国は藩王国と直轄統治地域との二分割統治を行った。なお下文「監視請願」は vigil の訳であり、やや長期に及ぶ抗議と請願のことである。本章注4参照

（39）ロシア皇帝（ツァーリ царь）ニコライ二世（一八六八〜一九一八年七月一七日、銃殺処刑。在位一八九四〜一九一七年三月一五日）は、議会（duma, дума）の承認を迫られ、一〇月一七日信念に反して署名してしまった。「……署名する以外に出口は無かった。……やさしいママ、私がどれだけ苦しんだか想像できないでしょう（一〇月一九日）」（『最後のロシア皇帝――ニコライ二世の日記』一一三頁）。

（40）北西辺境州（Northwest Frontier Province）は一九〇一〜一九五五年まで存続したパキスタン北部の州。中部の平原は古来ガンダーラと呼ばれ仏教美術が栄えた。人口約二一二万（一九〇一年）の小直轄州。首都はペシャワール。英領インド帝国（British Raj 一九五八〜一九四七年）はインド・パキスタン・ミャンマー・ネパールを含む。インド国民会議（Indian National Congress）は一八八五年創設のインド最大の包括政党で一九二〇年ガンディーの非暴力を綱領にした。

（41）国家・資本家が労働組合を管理するイタリア・ファシズムの上からの官製組合国家。なお一九七〇年代後半、政・労・資対等の三者協議体制を下からの新協調主義（neocorporatism）が登場したが、日本では八〇年代に入り、強い国家、新保守主義、新自由主義の登場によって色褪せたと言われた（「コーポラティズム」『現代政治学事典』三五四頁）。

(42) カップらはエーベルトSPD政権が学歴なき党人政府と蔑視していた。三石「武器なき国防――カップ一揆を押し潰す」、『筑波学院大学紀要』第一一集、二〇一六年三月参照。

(43) フォン・ゼークト国防省（Reichswehrministerium）軍務局長（参謀総長に当たる）らは「国防軍が国防軍を射撃しない」と政府にもカップらにも加担しなかったことを指す（上杉重二郎『統一戦線と労働者政府』風間書店、一九七八年、一一一頁）。なお国防軍（Reichswehr）は一九一八年から三三年まで存続した（なおナチ体制下の一九三五年から四五年まで存続したWehrmachtも国防軍と邦訳されることがある）。また下文帝国中央銀行はReichsbankのこと、一八七六年から一九四五年まで、またベルリンの保安警察（Schutzpolizei）は一九二〇から三六年まで存続した。

(44) 一九五六年ハンガリー事件の衝撃でトリアッティによる脱スターリン主義の「構造改革」路線が出現した。

(45) ハンガリー革命の「第一局面非暴力期」は一九五六年一〇月二三日から一一月三日まで、以後四日から一一月一〇日までは「第二局面暴力的鎮圧期」である。ハンガリー人民共和国は一九四九年八月より八九年一〇月まで存続した。

(46) 経済ボイコットは七一から九六、労働者のストは九七から一一九、経済的介入は一八一から一九二までである。シャープ『独裁体制から民主主義へ』（瀧口範子訳、ちくま学芸文庫、二〇一二年）の巻末「非暴力行動198の方法」参照。

(47) OAPECアラブ石油輸出国機構による一九七三年一〇月から七四年三月までの米国等反アラブ諸国への石油輸出禁止。

(48) ボリビアは一九六四〜八二年まで軍事政権、この間バンセル軍政（一九七一〜七八年七月）をクーデターで倒したファン・ペレーダ大将政権を各政党は不支持の声明を出した。シレス・スアソ大統領（一九八二年一〇月〜八五年）から民政移管を実現した。スーダンでは、一八五八年一一月アッブードゥ軍事政権が成立するが、六九年五月のクーデターでガファール・ニメイリ軍事政権が続く。この政権も八五年四月スワール・ダッハーブ国防相の軍事クーデターで崩壊する。タイではチャクリー王朝（一七八二年から現在）の立憲君主制下に軍事政権が継起し、タノーム軍政（一九七三年一〇月）が打倒されて民主化が図られる短命に終わり軍政に復帰した。

（49）信教自由の拡大は英国の一六八九年の寛容令、一七八六年バージニア信教自由法の二例。反奴隷制度の闘いは一七七五年の「非合法に拘束された自由黒人の救済のための協会」に始まる。労働組合について、英で一八二四年「労働組合合法化」の法案が議会を通過した。また男子普選について一八九三年ベルギーで、一九〇九年スウェーデンで実現、女性投票権については一九二〇年に合衆国で、一九二八年英国で実現している。なお南アフリカ（共和国）は、一九世紀後半ダイヤモンドや金の発見により鉱業主導で成長、これらを原資として製造業、金融業がアパルトヘイト下で発展した。一九八五年一二月、初めて黒人主体の「南アフリカ労働組合連合COSATU」が公認され、団交権、争議権を獲得した（外務省HPおよび北沢洋子「南アフリカCOSATU（労組連合）の分裂」二〇一五年三月三一日、参照）。

（50）「ルールの消極的抵抗の放棄――ストレーゼマンはその洞察力とともにその勇気を持っていた。（一九二三年）九月二六日、大統領と中央政府は消極的抵抗の終結を宣言した」（有沢広巳『ワイマール共和国物語』上巻二九八頁）。

（51）一九三一年三月五日ロンドンにて調印。政治犯の釈放、不服従運動の停止、旧法令の撤去などを規定している。Gandhi-Irwin Pact-Scribd（scribd.com.doc）, Gandhi-Irwin Pact-Mahatoma Gandhi（mkgamdhi.org）など参照。

（52）『世界の名著　アリストテレス』（一九七五年、中央公論社）によれば、寡頭制（oligarchy）は小数支配・貴族制の堕落形態（私利追求に走るのを堕落という。例二二一頁下段）であり、僭主独裁制（tyranny）は一人支配・王制の堕落形態である。引用・訳文共に、順に、二三二～二三三頁、および二三八頁による（岩波版二七二～二七三、および二七八頁）。

（53）独裁制（dictatorship）――独裁官（dictator）は古代ローマ紀元前五〇一年ティトゥス・テルティウスから紀

元前二〇二年クラウス・セルウィウス・ゲミヌスまで続いた、任期六か月の全権独裁官。前八一年スラが、続いてカエサルが終身独裁官に就くに及んで専制（tyranny）に転化した。独裁者・独裁制の語源である。

(54)『独裁体制から民主主義へ』の第四章に一七か条あり。残った六か条を簡略化して述べれば、（一二）過去の規範が現在を拘束する、（一三）人員と資源が新状況に適応不可、（一四）イデオロギーの拘束・硬直化、（一五）恣意的人事の横行、（一六）安定化に時間を要す、（一七）意思決定の分散化は体制の弱体化を招く（なお順不同）。

第四章　原注

この章は、以下の論文から多くを引用している。

Gene Sharp, *Civilian-based Defense: A New Deterrence and Defense Policy*

この論文はもともとユネスコに依頼されたもので、のちに以下に収録された。

Yoshikazu Sakamoto, ed., *Strategic Doctrines and Their Alternatives* (New York: Gordon and Breach), 1987, pp. 227–262.

西ヨーロッパ文脈での戦略的原則に関する関連した論議は、以下に収められている。

Gene Sharp, *Making Europe Unconquerable* (London: Taylor & Francis, 1985, and Cambridge, Mass.: Ballinger, 1985; second American edition, with a foreword by George Kennan, Cambridge, Mass.: Ballinger, 1986).

「転送防衛（forward defense）」に関連する議論は、以下。

Sharp, *Making Europe Unconquerable* (second American edition), pp. 60–61.

非暴力運動の中での破壊工作採用に関する詳しい議論は、以下。
Gene Sharp, *The Politics of Nonviolent Action* (Boston: Porter Sargent, 1973), pp. 608–611.

抵抗運動の中でのラジオの役割に関する議論は、以下。
H. Gordon Skilling, *Czechoslovakia's Interrupted Revolution* (Princeton, N. J.: Princeton University Press, 1976), pp. 777–778.
Joseph Wechsberg, *The Voices* (Garden City N.Y.: Doubleday, 1969).

チェコスロヴァキアにおける抵抗ストライキについては、Skilling, *Czechoslovakia's Interrupted Revolution*, p. 775.

占領下のソヴィエト連邦におけるナチの対人民政策の変化についての引用は、以下より。
Alexander Dallin, *German Rule in Russia, 1941–1945: A Study of Occupation Policies* (New York St. Martin's Press, 1957, and London: Macmillan, 1957), pp. 218, 497 and 550. 東欧に対するナチの態度と意図についても同様に論じられている。

ホロコーストに関する導入的論文は、以下。
Gene Sharp, "The Lesson of Eichmann. A Review-Essay on Hannah Arendt's *Eichmann in Jerusalem*," in *Social Power and Political Freedom* (Boston: Porter Sargent, 1980).

ジェノサイドに関する研究についてはとりわけ、以下。
Gerald Reitlinger, *The Final Solution: The Attempt to Exterminate the Jews of Europe 1939–1945* (New York :A. S. Barnes,

1961).

Raul Hilberg, *The Destruction of the European Jews* (Chicago: Quadrangle Books, and London: W. H. Allen, 1961, and rivised edition, New York: Holmes and Meier, 1985).

Nora Levin, *The Holocaust: The Destruction of European Jewry 1933–1945* (New York: Schocken Books, 1973).

Helen Fein, *Accounting for Genocide* (New York: Free Press, and London: Macmillan, 1979).

「非暴力電撃戦」という言葉はテオドール・エーベルトによる。

「全体的抵抗」と「組織の抵抗」との違いに関しては、ラース・ポルショルトに刺激を受けた。

Lars Porsholt, "On the Conduct of Civilian Defence," in T. K. Mahadevan, Adam Roberts, Gene Sharp, eds., *Civilian Defence: An Intduction* (New Delhi: Gandhi Peace Foundation and Bombay: Bharatiya Vidya Bhavan, 1967), pp. 145–149.

「ミクロ・レジスタンス」という言葉はアルネ・ネス教授による。

Arne Naess, "Non-military Defence and Foreign Policy," in Adam Roberts, Jerome Frank, Arne Naess, Gene Sharp, eds., *Civilian Defence* (London: Peace News, 1964), p. 42.

第四章　訳注

（1）但し広島・長崎の事例がある。また第一次大戦以外に、NHK NEWS WEB（二〇一三年一二月一四日）によれば、シリア国連調査団の最終報告で同年八月ダマスカス近郊でサリンが使われ凡そ八〇〇人が死亡、他の四カ所でも使用されたという。

(2) 軍隊は戦闘員と後方業務(兵站 logistics)とからなり、後者は医・食・輸送・基地の維持管理などを担う徴用された一般国民で軍属(functionaries)という。米国はベトナム戦争で五〇万人を派遣し七万人が戦闘員だったという。鍛治俊樹『戦争の常識』(文春新書、二〇〇五年)九三〜九四頁。

(3)「国家は社会だ」というシャープの国家観が展開されている。まず中央国家には、主として官僚制度・軍事組織・警察制度を残し、各地方の〈遍在する権力核〉が地方自治の主体となって当該社会の運営責任を持つという、徹底した地方分権を考えている。Sharp *Social Power and Political Freedom* (Boston, 1980) の二四、二七、五五頁など参照。シャープの国家観は言わば、国家は、デュルケム的な環節社会(同質的な人々の連合社会。ここでは〈遍在する権力核〉の連合)の集積した、マッキーバー的な巨大な人為的機能集団・アソシエーションであると見ている。また国際関係は社会になりつつある国家内の〈遍在する権力核〉の相互扶助の体系と見ていると考えられる。

(4) forward strategy は内容的には「後方攪乱戦略」であるから、「前方戦略」とせず「転送戦略」とした。

(5) この「全住民動員令」は一七九三年八月二三日国民公会の採択した「大衆動員法令」に酷似する。「全てのフランス人は何らかの軍役に召集されることになった。若者は戦闘におもむき、既婚の男は武器を造り糧食を運び、女は天幕や衣服を縫い病院に働き、老いたる者は広場にゆき、兵士を励まし王に対する敵愾心を燃えたたせ、共和国が打って一丸となるよう力説した」(ロジェ・カイヨワ『戦争論』秋枝茂夫訳、法政大学出版局、一九七五年、一二三〜一二四頁)。

(6) 秘密国家警察(Geheime Staatspolizei)——一九三三年四月ゲーリングによるプロイセン州秘密国家警察に始まり、一九三六年二月全ドイツに拡大され、一九三九年九月にはSSに組み込まれた。一九四五年六月に武装解除される。

(7) 英の戦史家バジル・リデル＝ハート(一八九五〜一九七〇年)の *Strategy* (1954, NY) にて展開された Grand

strategy が古典的に有名。

(8) 古代アテネで僭主になりそうな人物名を陶片(オストラコン ὄστρακον)に書き投票で六千票以上の時、十年間国外追放(陶片追放 ὀστρακισμός = ostracism)された。ここでは抵抗者から追放された者の傀儡政権を指す。

(9) 本国が軍事占領されて政府首脳部が他国に移転し、亡命先の国家および関係諸国がこれを正統政府と認め特権・免除を付与した政権をいう。チェコスロヴァキア・ノルウェー・オランダ・ポーランド・エストニア・リトアニア等。ただし連合国はド・ゴールの自由フランスを亡命政権とは認めず単なる「交戦団体・在外抵抗団体」とみた。『現代政治学事典』など参照。

(10) 市民力による防衛の闘いは、国境を固く守るのではなくて、敵を自陣に引き込んでから開始される。『イワンのばか』でのタラカン(ゴキブリ таракан)王軍のイワン国侵略の場面を想起ありたい。

(11) 以下数例を挙げる。シンボルの例として、手書きの鳩は平和、侵略の拒否を象徴する。カラーまたは花の革命の例として、一九八九年プラハのビロード、二〇一一年チュニジアのジャスミンがある。沈黙は完全な沈黙、氷のような沈黙(TPONA, p. 170)と説明されている。またナチ占領期のデンマークでは国歌や民俗歌合唱運動が行われた。

(12) シャープは一九八の非暴力手段を①非暴力的抗議、②非暴力的非協力、③非暴力的介入の三範疇に大別している。ここで「他の範疇」というのは①②の方法を指す。入手し易い資料に、『独裁体制から民主主義へ』(瀧口範子訳、ちくま学芸文庫、二〇一二年)巻末に「非暴力行動198の方法」のリストがある。

(13) シャープの「主要点での抵抗(resistance at key points)」という考えは、ジョミニ『戦争概論』の「わが主力を決勝点(decisive points)に投入せよ」(中公文庫、六六、七四頁)に類似する。

(14) 組合国家(the corporative state)における協調主義(corporativism)とは労働を資本に従属させた、上からのイタリア・ファシズム的体制。今日ではネオコーポラティズム(新協調主義)として、政・労・資対等の三者協議制を言う。

（15）プラハの春からフサーク体制（大統領在任一九七五～八九年）の登場、さらにハヴェルらによる「憲章七七」（一九七七年一月フサークの人権抑圧への抗議）、そしてフサーク体制の崩壊（八九年一二月一〇日辞任）、ハヴェルの大統領就任（八九年一二月二九日）に至る過程については、木戸蓊『激動の東欧史』（中公新書、一九九〇年）二～六頁、四、八章等参照。

第五章　原注

超軍備に関連した論議については、以下。

Gene Sharp, *Making Europe Unconquerable* (London: Taylor & Francis, 1985, and Cambridge, Mass.: Ballinger, 1985; second American edition, with a foreword by George Kennan, Cambridge, Mass.: Ballinger, 1986), chapter three.

オーストリア国防相オットー・レーシュの引用は、彼がアンドレアス・マイスリンガー博士に送った一九八二年四月三〇日付の手紙による。マイスリンガー博士の情報提供に感謝する。

オーストリア防衛政策中の市民的抵抗の役割についての情報は、以下。

Landesverteidigungsplan (National Defense Plan) (Vienna: Federal Chancellery, March 1985), pp. 49 and 55. ハインツ・フェッチエラ博士による、オーストリアの防衛政策と〈市民力による防衛〉の構成要素の考察とに関する厖大な文献の供与に感謝する。

スウェーデン非軍事的抵抗委員会（Swedish Commission on Nonmilitary Resistance）の任務は以下のスウェーデン政府法令（Swedish Government ordinance）に概説されている。

"SFS 1987, 199 Förordning med instruktion för delegationen för icke-militärt motstånd" April 23, 1987.〔スウェーデン法令集（一九八七年）、一九九、非軍事的抵抗の代表への指示の法令〕

レナート・ベルクフェルトによる、この情報および他のスウェーデンの非軍事的抵抗に関する情報提供に感謝する。さらにスウェーデン国防省とワシントンDCの軍事アタッシェによる厖大な文献提供に感謝する。

グナー・グスタフソンの引用は、以下の書の彼の序文より。

Håkan Wall: *Motstånd utan våld*（Resistance Without Violence）（Stockholm: Sveriges Utbildningsradio AB［Swedish Educational Broadcasting Company］, 1988）, pp. 2 and 3.

ナチ占領に対するノルウェー人の抵抗のさらなる情報は、以下。

Gene Sharp, *Tyranny Could Not Quell Them*（London: Peace News, 1958, and later editions）, pamphlet.

オランダ人のドイツへの抵抗については、以下。

Werner Warmbrunn, *The Dutch Under German Occupation 1940–1945*（Palo Alto, Ca.: Stanford University Press,and London: Oxford University Press, 1963）.

「ノルウェー研究一九六七年」については、以下。

Johan Jørgen Holst, Eystein Fjaerli, Harald Rønning, 'Ikke-Militaert Forsvar og Norsk Sikkerhetspolitikk"（Nonmilitary Defense and Norwegian Security Policy）（Kjeller, Norway: Forsvarets Forskningsinstitutt［Defense Research Institute］,1967）, pp. 44 and 46.

占領時におけるスイスの市民的行動の引用は、以下。
Albert Bachmann Georges Grosjean, *Zivilverteidigung* (CivilianDefense) (Miles-Verlag, Aarau: Eidg. Justiz- und Polizeidepartement im Auftrag des Bundesrates [Confederal Justice and Police Departments by order of the Federal Council], 1969) pp. 273–300.〔スイス政府編『民間防衛』原書房編集部訳、二〇一四年〕

フィンランドの情報は、以下のものによる。
"Aseeton Vastarinta" (Weaponless Resistance) (Helsinki: Henkisen maanpuolustuksen suunnittelukunta, 1971), mimeograph, pp. 27–28. 一九七五年に第二版フィンランド報告が出された。武装抵抗を補足するものとして「武器なき抵抗」の有効性を認めている。下記を参照。
"Aseeton Vastarinta ja sen toteuttamisedellytykset Suomessa" (Helsinki: Henkisen maanpuolustuksen suunnittelukunta, 1975), mimemograph, p. 29. スティーヴン・ハクスリーによるフィンランド文献の引用箇所の研究と翻訳とに感謝する。

ニコラ・リュビチク将軍の引用は、同氏の以下の書より。
Nikola Ljubicic, *Total National Defense-Strategy of Peace* (Belgrade: Socialist Thought and Practice, 1977), p. 151.

ユーゴスラビアの被占領地での軍事的防衛の中止後における抵抗の継続については、以下より。
Lt.-Col. Milojica Pantelic, "Territorial Defense," in Vukotic et al., *The Yugoslav Concept of General People's Defense* (Belgrade: Medunarodna Politika), p. 280. 引用は以下より。Adam Roberts, *Nations in Arms*, second edition (New York: St. Martin's Press, 1986), p. 210.

ユーゴスラビアにおける非軍事的抵抗形態の概略は、下記論文から取られている。
"Forms of Resistance in Nationwide Defense," *Svenarodna Odbrana* (Zagreb) (August–September 1972). 引用は以下より。 Roberts, *Nations in Arms*, pp. 210–211.

ユーゴスラビアの防衛の計画と実行における政治的・社会的・経済的組織の役割についての引用は、以下。
Roberts, *Nations in Arms*, p. 179.

「イランゲイト（Irangate）」調査報告と「秘密政府」の摘発については、以下。
Report of the Congressional Committees Investigating the Iran-Contra Affair, abridged edition (New York: Random House, 1988).

国内の独裁者への軍事的脅威の衝撃に関するスターリンの見解については、以下。
Isaac Deutscher, *Stalin: A Political Biography* (London: Oxford University Press, 1959), pp. 226, 258, 263 and 285.〔『スターリン――政治的自伝』全二巻、上原和夫訳、みすず書房、一九八九年。三つの引用は順に、第一巻二〇九頁上段および二一四下、および二〇八上、最後に二一一下〕

NATOのヨーロッパ・メンバーをさらに自力防衛させ、アメリカの軍事的役割を減少させる・市民力による防衛の可能性については、Sharp, *Making Europe Unconquerable*.

（1）リンスは政治体制を民主主義体制（democratic regimes）、権威主義体制（authoritarian regimes）、全体主義体制（totalitarian regimes）、ポスト全体主義体制（post-totalitarian regimes）、スルタン主義体制（sultanistic regimes）の五つに分けている。独裁政治（独裁制 dictatorship）と専制政治（tyranny）とは権力の振るい方による分類であって上記五体制には含まれない。三石『武器なき闘い「アラブの春」』一九頁以下参照。シャープは本文では、極端な独裁制（例としてスルタン主義体制）の場合からもう少し穏健な権威主義体制の場合へと考察を移している。

（2）穏健なゴルバチョフのペレストロイカ（市場経済の導入）・グラスノスチ（情報公開）（そして八九年一二月三日、ブッシュ父と冷戦終焉宣言）を、九一年一二月二五日ゴルバチョフ辞任後、市民派のエリツィン（一九三一〜二〇〇七年）が更に徹底的に推進した。なおエリツィンは九九年一二月三一日健康を理由に引退、後任にウラジミール・プーチン（一九五二年〜）を指名した。

（3）フランコ（一九八二〜一九七五年）により一九六九年に後継者としてファン・カルロス一世（一九三八年〜、在位一九七五〜二〇一四年）が指名されフランコの没後王位に就いた。現在その長男フェリペ六世（一九六八年〜）が王位に就いている。

（4）ユーゴスラビア社会主義連邦共和国（一九四三〜九二年）は九一年六月のスロベニア、クロアチアの独立運動により解体を始める。

（5）ロシアはレーニンの、中国は毛沢東の、キューバはカストロの、ベトナムはホーチミン（対仏独立の第一次インドシナ）の戦いを指すであろう。ニカラグアの場合は、アナスタシオ・ソモサ・ガルシア将軍の四三年間に及ぶ軍事独裁を、一九七九年七月に倒して「サンディニスタ民族解放戦線」の中道派と左派の連立政権が成立するも、急速に左傾化して、米国の危惧を増幅させ、ニカラグアの親米の反革命政権派民兵団（contra revolution）を支援する「イラン・コントラ事件」を誘発する。下記注15も参照。

（6）コスタリカはリオ条約（南北米二一か国の集団的安全保障体制）とボゴタ憲章（米州機構）とに加入。アイスランドは一九五一年の米ア防衛協定により米軍が駐留していたが、二〇〇六年九月に米軍は撤退した。有事の際は米ア二国間防衛協定がある。なおコスタリカ共和国は九州と四国を合わせた面積に相当、人口は四七六万人、アイスランド共和国はほぼ北海道と同じ面積、人口は三三万人（両国とも外務省HP、二〇一六年五月）。

（7）本書は一九九〇年一月に擱筆されており、例挙の国家中、バルト三国は九一年九月に正式独立、〇四年三月にはNATOに加盟しており、またアルメニアは九一年一二月に独立している。しかし二〇一六年五月現在でパレスチナ・香港・チベットは未独立である。

（8）国防軍の総兵力三五万の内、陸軍は一〇万人（一六〇条）に、海軍は一・五万人（一八一条等、戦艦六隻など全三六隻の保有は許されたが、潜水艦の保有は禁止）に、空軍は一千人（一九八条等、水上飛行機と飛行艇のみ保有可）に縮小せよとの規定である。総兵力（義勇軍を含めると五五万という）については加瀬俊一『ワイマールの落日』（光文社NF文庫、一九九八年）九〇頁。

（9）戦争倫理学（戦争のルール）は、開戦条件規制（jus ad bellum）と戦闘過程規制（jus in bello）とに大別され、後者は戦時国際法（law of war）、今日では国際人道法（International humanitarian law）と呼ばれる。加藤尚武『戦争倫理学』（ちくま新書、二〇〇三年）第二章、特に一九、二八頁。

（10）スウェーデンには南部・低北部・西部・東部・ベルクスラーゲンス・上北部の六軍管区があり、低北部軍管区だけに文民の司令官と幕僚が置かれ、司令部はエステルスンドにある。在日スウェーデン大使館付き国防アタッシエのミカエル・ミネウル氏のご教授に感謝する。

（11）一九五五年にフィン・モウ（Fin Mo）によって設立された、政治的に独立した、同国の外交・防衛・安全保障の問題を広く研究・検討する委員会で、セミナー・研究旅行・公開講座なども開催している（Den Norske

Atlanterhavskomité HP, Norwegian Atlantic Committee など)。
(12) スイスの国防政策は「アーミー61」の総合国家防衛(Total National Defense)から「アーミー95」の拡張地域防衛(Dynamic Area Defense)に転換したという。「スイスの国防力」(『軍事研究』一九九七年三月)に詳細。なおシャープは「the Swiss "general defense" policy」と表記しており、ここではシャープに従った。
(13)『市民的防衛手冊』(Zivilverteidigung)の邦訳『民間防衛』(原書房、二〇一四年)二七三頁以下の「レジスタンス(抵抗運動)」の章を参照。この章の各節には、国際法・抵抗運動における闘いの戦略と戦術・占領された国の国民の保護と権利・消極的抵抗・積極的抵抗・裏切り者に対する戦い・敵を消耗させよ、等々の興味深いテーマが見られる。
(14) ユーゴスラビア(一九四三〜九二年)は、指導者チトー(一九八二〜一九八〇年)によって建国され、ユーゴスラビア民主連邦(一九四三〜四六年、チトー)、ユーゴスラビア連邦民主共和国(四六〜六三年、チトー)、ユーゴスラビア社会主義連邦共和国(六三〜九二年)と改称を重ね、一九八〇年チトーの死で、分裂の兆しが現れ始める。東欧革命でまず一九九一年六月にスロベニア独立、九二年三月にマケドニアとボスニア・ヘルツエゴビナが独立、二〇〇六年六月にモンテネグロが分離独立しセルビアも同時に独立して、旧ユーゴスラビアの六共和国全てが独立した。シャープの本書擱筆は一九九〇年一月でユーゴ分裂の直前である。
(15) 一九八六年発覚。イランゲイト(Irangate)、またはイラン・コントラ(Iran Contra)事件ともいう。レーガン政権(一九八一〜八九年一月二〇日)下で、イランへの武器売却代金をニカラグアの反共ゲリラ「コントラ」の援助に流用した事件。黒幕はこの時副大統領(一九八一〜八九年)であった父ブッシュ(四一代第大統領、在任一九八九〜九三年)ともいわれるが真相は謎である。CIA長官はウィリアム・ケーシー(一九一三〜八七年、在任一九八一〜八七年)。Washington Post (washingtonpost.com), "Clinton Accused", special report, "The Iran-Contra Affair 1986–1987" 参照。なおこの事件へと至るニカラグアの政情については本章の注5に既出。
(16) ミッシングリンク(missing link)——例えば人猿と人類の中間にあったと推定されながらその化石が発見さ

れていない仮想動物。転じて「必要だが欠けている部分」の意。

(17) シャープの本書の擱筆は一九九〇年一一月、ソ連邦の崩壊は九一年一二月二五日のことである。

(18) スターリンはここで、一国社会主義国を守り抜くには、民主主義も、討論の自由も制限され、軍隊も必要だという。国家が全体主義的体制にならざるを得ない理由を当事者に語らせた事例であり、かつ同体制下での抵抗は実際極めて困難であったことを示唆する事例と解する。なお、三つの引用は順に邦訳『スターリン』(みすず書房、一九八九年)、第一巻の二〇八頁上と二一四頁下、及び二〇八頁上、最後に二一一頁下。

(19) 国家は独立の程度により独立国・不完全な主権の附(属)庸国(vassal state, dependent state)・植民地的な保護国(prote-ctorate state)に分けられるが、日本と西欧諸国が米国の附属国に位置づけられているのは興味深い。シャープの分類によれば、日本は大戦後一貫して今日まで米国の附属国であるようだ。なお宮崎繁樹『国際法綱要』(成文堂、一九九五年)一八六頁。

(20) シャープの本書擱筆は一九九〇年一月一〇日、東欧革命は進行中であって、「東側」の総本山ソ連邦の崩壊(九一年一二月二五日)など夢にも考えられなかった時である。

(21) 以下の五か国の概略を示す。アルメニアは一九九〇年八月二三日共和国主権宣言をし、九一年九月二一日独立を宣言した(外務省HP)。グルジアは一九九一年四月九日に独立を宣言した(外務省HP)。なおグルジア(Gruziya)は、一九九五年からジョージア(Georgia)と改称しており、日本政府は二〇一五年四月から改称している。ソヴィエト連邦における一九九一年八月一九~二〇日、守旧派ヤナーエフ副大統領のクーデターの激動に乗じて、同年八月二〇~二一日にはエストニア、ラトビアが独立を宣言する(リトアニアはすでに同年三月一一日に独立を宣言していた)。なお三国の正式独立は九一年九月六日である。詳細は、志摩園子『物語バルト三国の歴史』(中公新書、二〇〇四年)参照。

(22) 一九九九年、ポーランド・チェコ・ハンガリーがNATOに加盟、二〇〇四年エストニア・ラトビア・リトアニア・スロバキア・ルーマニア・ブルガリア・スロベニアが、二〇〇九年クロアチア・アルバニアが

NATOに加盟した。ただしアルメニアは親ロシア、ジョージアはNATO・EU加盟を政策としている。

(23) グラスノスチ（гласность = glasnost = publicity = 情報公開）とペレストロイカ（перестройка = perestroika = reconstruction 再構築 = 市場経済の導入）とは、ゴルバチョフの基本政策である。

(24) 一九三八年九月二九日の「ミュンヘン協定」で英チェンバレン首相と仏ダラディエ首相はヒトラーの「ズデーテン地方の分割」を認めた。一九六八年八月二〇日深夜、ワルシャワ条約機構軍がチェコスロヴァキアに侵入した。

(25) 一九一九年四月一三日、英軍ダイヤ将軍はインドのアムリトサル（インド北西部パンジャーブ州のシーク教徒の聖地）で独立派民衆デモ隊に発砲一六〇〇人を殺す。および一九八九年六月四日、中国の人民解放軍は天安門広場の学生デモ隊を戦車でけ散らし一三〇〇人を殺す（国際アムネスティ）。

〈市民力による防衛〉に関する追加文献

General Edward B. Atkeson, "The Relevance of Civilian-based Defense to U.S. Security Interests," *Military Review*, Fort Leavenworth, Kansas, vol. 56, no. 5 (May 1976), pp. 24–32, and no. 6 (June 1976), pp. 45–55.

Adam Roberts, "Civil Resistance to Military Coups," *Journal of Peace Research* (Oslo), Vol. xii, no. 1 (1975), pp. 19–36.

———, ed., *Civilian Resistance as a National Defense: Nonviolent Action Against Aggression* (Harrisburg, Pa.: Stackpole Books, 1968). 以下の再版である。*The Strategy of Civilian Defence* (London: Faber&Faber, 1967). 新しい序文が付されたペーパーバック版は以下。*Civilian Resistance as a National Defense: Nonviolent Action Against Aggression* (Harmondsworth, England and Baltimore, Md.: Penguin Books, 1969). 全て絶版。

Gene Sharp, "Making the Abolition of War a Realistic Goal," pamphlet, Ira D. and Miriam G. Wallach Award essay (*New York: World Policy Institute, 1980*).〔ジーン・シャープ「戦争の廃絶を実現可能な目標とするために」岡本珠代訳、

『軍事民論』二八号「特集・反核・軍縮のうねり」、五味川純平編集、一九八二年五月、一〇一〜一一三頁〕。

———, *Making Europe Unconquerable* (London: Taylor & Francis, 1985, and Cambridge, Mass.: Ballinger, 1985; second American edition, with a foreword by George Kennan, Cambridge, Mass.: Ballinger, 1986).

———, *National Security Through Civilian-Based Defense*, booklet (Omaha: Civilian-based Defence Association, formerly Association for Transarmament Studies, 1985).

———, "The Political Equivalent of War - Civilian-based Defense," in Gene Sharp, *Social Power and Political Freedom* (Introduction by Senator Mark O. Hatfield), Boston, Mass.: Porter Sargent, 1980). 一九八五年までの市民力防衛に関する、選りすぐられた多言語文献については、Sharp, *Making Europe Unconquerable*, pp. 165–171, in the second American edition を参照。

さらに関心のある人へ

Gene Sharp, *Gandhi as a Political Strategist, with Essays on Ethics and Politics*, (Cambridge, Mass.: Porter and Sargent, 1979).

———, *The Politics of Nonviolent Action* , Introduction by Thomas C. Schelling, three volumes (Cambridge, Mass.: Porter and Sargent,1973). 同出版社から刊行されている三巻本のペーパーバックは以下。*Power and Struggle, The Methods of Nonviolent Action, The Dynamics of Nonviolent Action.*

市民力による防衛と非暴力行動に関する・他のさまざまな言語訳を含む書物に関する情報、およびジーン・シャープが所長を務めるアルベルト・アインシュタイン研究所に関する情報については、以下の住所に連絡してください。アルベルト・アインシュタイン研究所、1430 Massachusetts Avenue, Cambridge, Massachusetts 02138.〔二〇一六年現在の著者連絡先は、P. O. Box 455, East Boston, MA 02128, USA.〕

訳者付記

ジーン・シャープ氏博士の著作で邦訳されているものは、管見の及ぶ限りであるが、本訳書および前掲（三〇七～三〇八頁）"Making the Abolition of War a Realistic Goal" 論文の他に次の三点がある。

ジーン・シャープ『武器なき民衆の抵抗――その戦略的アプローチ』小松茂夫訳、れんが書房新社、一九七二年。（*Exploring Nonviolent Alternative*, Porter and Sargent Publisher, Boston, 1970）

ジーン・シャープ『独裁体制独から民主主義へ――権力に対抗するための教科書』瀧口範子訳、ちくま学芸文庫、二〇一二年。（*From Dictatorship to Democracy A Conceptual Framework for Liberation*, 1993）

ジーン・シャープ『非暴力を実践するために――権力と闘う戦略』谷口真紀訳、関西学院大学研究叢書二四一編、彩流社、二〇二二年。（*How Nonviolent Struggle Works*, 2013）

訳者あとがき

ジーン・シャープ博士（一九二八年一月二一日〜二〇一八年一月二八日、マサチュセッツ大学名誉教授）は社会学を学部と修士課程で学んできた社会学者として出発している。政治学者として出発しなかったことが却って、社会学の豊富な知識の上に、全く独自な政治権力論を構築することを可能にした。

本書で用いられている独特な概念には、シャープ氏が先学から学んだりヒントを得たりしたものや、氏の独創によるものも含めて、「従属的支配者論」「権力の源泉」「独裁制の弱点、アキレス腱を狙え」「遍在する権力核」「三範疇一九八技法の非暴力行動論」「伝達と警告の戦略・電撃戦戦略・選択的抵抗戦略・文化的抵抗・ミクロレジスタンス・総力的非協力戦略」「政治的柔術」などといった魅力的な概念がある。

これら諸概念の根底を支える思想は、シャープ氏二五歳の時アインシュタイン博士に感銘を与えた、「ガンディーから学んだ高い道徳律に支えられた非暴力闘争論」「兵器と戦争の廃絶」（氏の処女作、一九六〇年発刊の『ガンディー、道徳力という武器を振るう』へのアインシュタイン博士の序文から）という高い理念であることは言を俟たない。シャープ氏はアインシュタイン博士に励まされ、ガンディーに教えられたその道を、八八歳の今日に至るまでひたすら保持し追求し、その理論の体系化と普及に努めてきた学者であり、教育者である（三石『武器なき闘い「アラブの春」』阿吽社、二〇一四年、第一章）。

シャープ氏が、独自の権力論を打ち立てる、その一つの指針になったのが、エティエンヌ・ド・ラ・ボエシの『自発的隷従論』（西谷修監修、山上浩嗣訳、ちくま学芸文庫、二〇一三年）であったようだ。すなわち、

もう隷従しないと決意せよ。するとあなたがたは自由の身だ。敵を突き飛ばせとか、振り落とせと言いたいのではない。ただこれ以上支えずにおけばよい。そうすればそいつがいまに、土台を奪われた巨像のごとく、みずからの重みによって崩落し、破滅するのが見られるだろう。（二四頁）

市民の国民の、「協力・恭順」という、「土台・台座」を失った巨像が自らの重みに耐えきれずに、崩落しつつ地中に沈みこんでいくというイメージは鮮烈である。こうしてシャープ氏は、武器をもたない市民たちが、優れた「戦術・戦略」に従いつつ、「一九八の非暴力の技法」を駆

使して、「巨像の台座」・「権力の源泉」を停止切断することによって、外からの侵略占領統治を、また内なるクーデター・独裁制・専制政治を打倒してしまう「非暴力行動論」を提示し、さらにこの非暴力抵抗の方法を、国家の防衛政策としての「超軍備」、すなわち「軍事力に頼らない」「市民力による防衛」政策にまで押し進めることを提唱している。

シャープ氏の本書中での提言の中で特に留意すべきは、以下の三点であろう。一つは、「市民力による防衛」問題を考え論じる際の「心構え」・「心的態度」であって、社会の全住民が全国民が、考え方の違いを乗り越え一丸となって、暴力・兵力に代わるこの武器なき国防論について真剣に考え討論すべしとする「超党派的方法」を強調していることである。二つは、「理解・計画・訓練」の重要性である。平和時に全国民が、つまり官僚・軍警のような公務員も一般市民も力を合わせ抵抗・防衛運動を実践し展開できるように、事前にしっかりと理解し、その立案に参加し、かつ地区ごとに実践的な訓練を積み重ねておく事が大切であると指摘している点である。第三に、過去の多数の非暴力闘争の失敗・成功の事例をしっかり研究し勉強して、その失敗・成功の要因をしっかり学び取り、将来の闘い備えるようにと指摘している点である。

シャープ氏は、国家の安全保障上の大問題は、国内のクーデター、外国からの侵略、NBC（nuclear, biological and chemical weapons）などの大量殺戮兵器による攻撃の三者に絞り得るが、前二者はこの市民力による防衛で抑止できる。NBCについてはさらに研究が蓄積される必要があるとして、本書は前二者に焦点を絞っている。核戦争が勃発した場合、物理学的な一仮説としての「核の冬（nuclear winter）」（一九八三）説はかなり確かなようであるが、国際政治学的な「共通解」はいまだ出ていないという現状を考えれば、もう少し現実的具体的で、原理的には「核の脅威」も減少させ得る「市民力による防衛」論を提示する、という道筋は、実践的現実的で納得のいくものである。

現今の日本を取り巻く東アジアの政治情勢を考えると「市民力による防衛」などという考え方は、現実無視・荒唐無稽と一蹴されてしまいそうであるが、この「現実主義論」には、国家を保全するにはより強力な「破壊力」が必要だとする大前提がある。つまり我々は、こと「暴力」に関して、一方道徳的倫理的にはこれを否定しつつも、他方国防という大義のためにはこれを肯定するという「ダブルスタンダード」を是認していることになる！　この国家防衛という「大義」のための暴力肯定論、暴力正当化論の行きつく先は、第二次世界大戦の日本、今日の「北朝鮮」や「イスラム〈国〉」の国家〈理念〉と同断であろう。

「憲法第九条」をもつ我々は、シャープ氏の提案に従って、まず「市民力による防衛」について理解を深め、「軍事力に頼る防衛」から「市民力による防衛」への可能性をしっかり考えてみる。そして「九条を守る」ことから一歩前進して、九条に書いてある通りの「武力不行使・戦力不保持」という「理想」の実現に努力すべきではあるまいか。この理想を失うと、限りなく現状に追随し、限りなく堕落して行くものである。我が国のような、いわゆる「専守防衛」政策に立つと、つねに現有の兵器体系に満足せず、国際政治状況の変化を口実に、限りない兵器の増強を欲求するものである。この流れは、一九五〇年七月の「警察予備隊」から一九五二年一〇月の「保安隊」に、さらに一九五四年七月の「自衛隊」そして二〇〇四年六月には「有事三法と有事七法」に、そして現在（安倍総理下の二〇一六年六月）自民党の憲法改正案「第九条の二」では「内閣総理大臣を最高指揮官とする国防軍」の創出を宣言していることに、明確に現われている。理想は我々のいま置かれている位置をはっきりと知らせてくれる大切な尺度なのである。理想を見失ってはならないゆえんである。

本書の翻訳について述べておけば、まず邦訳書名であるが、序文の注で示したように、*Civilian-Based Defense: A Post-Military Weapons System* は、『市民に依拠する防衛——ポスト兵器体系』であるが、法政大学出版局の郷間雅俊編集部長の助言により、意味内容を取って『市民力による防衛——軍事力に頼らない社会へ』とした。

私が苦心したのは、独特なシャープ氏の論理的思考法の翻訳の仕方であって、一つの文章の中で、さまざまな論理的分岐を考慮しつつ、次々と長い補足の形容詞句・節を付加して行く文体である。もちろん全てがこの文体であるわけではないが、忠実に日本語に訳して行くと、主語と述語の間に、長い修飾文が入ることになるが、私はシャープ氏の意識の流れを重視して、出来るだけ忠実にやや硬い邦文に転換した。

訳語について言えば、頻出する subjects は、語感としてはいささか古めかしいが、臣民で一貫した。weapons はシャープ氏はデモや坐り込みなども「非暴力闘争の〈武器〉」と呼んでいるので、シャープ氏の文脈では武器と訳し、それ以外では、兵器、時に火器とした。頻出するopponentsには、文脈に応じて、敵対者・敵方・相手・手合い・敵側などとした。transarmamentは、「脱軍備」ではなく「超軍備」とした。その他の主要な事項については、巻末の索引に原文を併記したので、参照ありたい。

なお周知のことであろうが、本書もまた、「アラブの春」で一躍有名になった*From Dictatorship to Democracy*（瀧口範子訳『独裁体制から民主主義へ』ちくま学芸文庫、二〇一二年）も、アルベルト・アインシュタイン研究所（Albert Einstein Institution）のサイトから原書名で無料で引き出せる文献であって、邦訳の必要なしと長い間思っていたが、現今の政治状況を見るにつけ、憲法第九条を持つ我々日本人の具体的将来的道筋を示してくれる文献として、我々にとって必読の書物と考え直して、急遽、翻訳に取り掛かった。知的好奇心をお持ちの方は、原文を引き出して対照して頂きたい。読者の寛容な正鵠を射た叱正を請う次第である。

なお本書は、アインシュタイン研究所長のジーン・シャープ博士のご好意、また同研究所の専務理事、ジャミラ・ラキーブ女史の大変なご尽力（日米間の頻繁な交信）と、厳しい出版事情にも拘わらず法政大学出版局編集部長、郷間雅俊氏の英断とで、出版の運びとなった。編集の実務を担当して頂いた高橋浩貴氏には、全章にわたって鋭い提言を頂いた。末尾ながら、深く感謝の意を表する次第である。

二〇一六年六月、三石善吉

著者略歴

ジーン・シャープ（Gene Sharp）

1928年1月21日 ～ 2018年1月28日。マサチュセッツ大学名誉教授。オハイオ州立大学にて社会学の修士号、オクスフォード大学にて政治学の博士号を取得。サウスイースタンマサチュセッツ大学（現マサチュセッツ大学ダートマス校）政治学教授、ハーバード大学国際問題センター「紛争と防衛の非暴力的制裁」プログラム責任者をへて、非暴力闘争に関する研究・政策研究・教育に携わる非営利組織アルベルト・アインシュタイン研究所を設立し、上級研究員として活躍。その著作は45を超える言語に翻訳されている。日本語訳に『武器なき民衆の抵抗——その戦略論的アプローチ』（小松茂夫訳、れんが書房新社、1972年）「戦争の廃絶を実現可能な目標とするために」（岡本珠代訳、『軍事民論』28号、1982年）『独裁体制から民主主義へ——権力に対抗するための教科書』（瀧口範子訳、ちくま学芸文庫、2012年）『非暴力を実践するために——権力と闘う戦略』（谷口真紀訳、関西学院大学研究叢書241編、彩流社、2022年）。博士のその他の著作については本書巻末原注参照。

訳者略歴

三石善吉（みついし・ぜんきち）

1937年生。筑波大学名誉教授、筑波学院大学名誉教授。71年東京大学大学院博士課程人文科学研究科単位取得満期退学、同大学助手をへて76年筑波大学社会科学系（政治学専攻）助教授、のち85年教授。98年東京家政学院筑波女子大学（現筑波学院大学）国際学部教授、2008年から筑波学院大学学長、2012年同大学学長任期満了退職。政治学専攻。著書に『中国の千年王国』（東京大学出版会、1991年／韓国語訳、高麗大学、1993年／中国語訳、上海三聯書店、1995年）『伝統中国の内発的発展』（研文出版、1994年／中国語訳、北京中央編訳出版社、1998年）『中国、一九〇〇年——義和団運動の光芒』（中公新書、1996年）『ポルシェの生涯——その時代とクルマ』（グランプリ出版、2007年）『ナチス時代の国内亡命者とアルカディアー——抵抗者たちの桃源郷』（明石書店、2013年）『武器なき闘い「アラブの春」——非暴力のクラウゼヴィッツ、ジーン・シャープの政治思想』（阿吽社、2014年）『フィンランド　武器なき国家防衛の歴史——なぜソ連の〈衛星国家〉とならなかったのか』（明石書店、2022年）他、訳書にドーソン『ヨーロッパの中国文明観』（共訳、大修館書店、1971年）スペンス『中国を変えた西洋人顧問』（講談社、1975年）厳家其『首脳論』（共訳、学生社、1992年）他。

サピエンティア　44

市民力による防衛
軍事力に頼らない社会へ

2016年7月15日　初版第1刷発行
2023年1月21日　　　第2刷発行

著　者　ジーン・シャープ
訳　者　三石善吉
発行所　一般財団法人　法政大学出版局
〒102-0071 東京都千代田区富士見 2-17-1
電話 03(5214)5540 振替 00160-6-95814
組版: HUP　印刷: 平文社　製本: 積信堂
装幀: 奥定泰之

ISBN978-4-588-60344-0

事項索引

ア行

カ行

クーデター　13, 17–27, 31, 32, 38, 85, 88, 94, 115, 116, 118, 127, 129, 131, 144, 145, 154, 155, 166, 168, 183, 201, 214, 216, 231, 237–240, 242, 246, 247, 249, 252, 253
組合国家（Corporative State）　121, 186
グルジア（ジョージア）　18, 248
軍事的手段　4, 8, 9, 12, 13, 35, 69, 98, 146, 147, 150, 152, 168, 214, 228, 230, 242, 252, 257
　——への信頼　8, 9
　——の不完全性　9
軍事力に頼らない防衛政策（post-military defense policy）　13, 138, 140, 261
軍事力による防衛（military-based defense）　12, 19, 208, 218, 219, 228, 230, 231, 236, 254
軍隊と軍属（troops and functionaries）　14, 147, 149, 170–172, 174, 186, 191, 199
ゲシュタポ（Gestapo, Geheime Staatspolizei）　99, 125, 288, 289
ゲリラ戦　11, 68, 86, 102, 163, 235, 236, 253, 255
権威（authority）　43, 44, 118, 119
検閲　88, 97, 104, 177, 184, 198, 254
権力自家発生装置（self-generating power）　41
権力の源泉（sources of power）　43–45
　——の停止　46, 47, 55, 56, 58, 61, 63, 65, 66, 115, 133
　——を取り去る　117–127
　——を狙い撃つ　86
グルーピング（分派形成）　62
ゴア　82
高圧的諸法（Coercive Acts）　84
国民連合（Nasjonal Samling）　151
国際戦略研究所（IISS: International Institute for strategic Studies）　212
コスタリカ　225
コスト・費用・出費　8, 91, 147, 148, 150, 187, 199, 250, 256
国家憲兵隊（Gendarmerie Nationale）　24
骨董品的武器（antiquated weapons）　221

サ行

サティアグラハ（satyagraha）　85
サンクト・ペテルブルク　106
ジェノサイド・集団殺害（genocide）　5, 6, 141–144, 157, 161
自称支配者・自称専制者（would-be ruler/tyrants）　41, 52, 57, 58, 62, 126, 137
自称労働者の国家（purported worker's state）　122
支配者（ruler）　40
　他人頼みの——　15, 40–43
市民力による防衛（civilian-based defense）　13–15
　——採択の 11 段階　222, 223
　——政策の潜在的利点（14 か条）　249–258
　——戦略の選択と手段（11 か条）　156–162
　——闘争成功の 7 要因　161, 162
　——闘争の最終結果を判断する基準（9 か条）　196, 197
　——闘争の到達度（12 か条）　194–196
　——に対する抑圧　162–164
　——の過去の準備なき闘争の 4 事例　18–35

——の失敗あるいは成功　128–134
——の戦闘能力　150–152
——の不可欠な前提条件　205–214
——の武器　3, 14, 39, 65–71
——の抑止能力　140, 147, 148, 150, 219
——への国際的支援　189–191
——を行う動機　203, 204

市民的防衛（civilian defense）　13
社会的距離（social distance）　108
社会的防衛（social defense）　13
シャルブルク軍団（Schalburgkorps）　78
従属的支配者論（theory of dependent rulers）　15, 40–43
受動的抵抗（passive resistance）　17, 26, 29, 30, 155, 233, 235
将軍たちの反乱（general's putsch/coup）　24, 115, 118, 129, 145
情に訴える（melting of hearts）　67
植民地開拓者（colonists）　84, 124
植民地住民（英国の, colonials）　124
自力防衛（self-reliance）　148, 159, 178, 191, 212, 249, 250, 251, 257
人的資源（human resources）　44, 47, 61, 112, 119, 120, 255
侵略への準備なき闘争　28–35
スイス　10, 217, 228, 233
　防衛政策　233
　市民的防衛手冊（Zivilverteidigung）　233
スーダン　129
スープ接待所（soup kitchens）　29
スウェーデン　23, 129, 217, 228, 229, 243
　総力的防衛政策　229
　地方高等司令部（High Regional Commands）　229
　非軍事的抵抗委員会（Commission on Nonmilitary Resistance）　229
ストライキ　77–79
正義の戦い（just wars）　9
制裁（sanctions）　45, 49–53, 126, 127
政治権力　41
　——への洞察　39, 40, 55, 63, 66
政治的柔術（political jiujitsu）　89, 104–107, 164, 187
生存圏（Lebensraum）　142
正統性（legitimacy）　43, 46, 61, 79, 80, 83, 87, 88, 118, 119, 152, 153–156, 183, 184, 197, 198, 238, 240, 254
政府のアキレス腱　40
ゼネラルストライキ　19, 21, 22, 25, 26, 34, 77, 78, 119, 122, 125, 126, 152, 167, 172, 173,
ゼムストヴォの参事会（Bureau of Zemstvo）　85
潜在的攻撃者（potential/would-be/possible/likely attackers）　7, 8, 146–148, 158, 190, 219, 231, 243, 245, 247, 250
　勝ち負けの確率　146
　超大国（superstates）　245–249, 251
　求心的統合力（centralized control）　245
専守防衛（defensive defense）　10–12, 235, 236
　非攻撃的防衛　10, 235
　非挑発的防衛　10
　——への批判　11, 12
専制者（tyrant）　42, 43, 54, 137
専制政治（tyranny）　39, 55, 59, 60

タ行

マ行

ヤ行

ラ行・ワ行

リトアニア　18, 225, 248
ルーマニア　97
ルール闘争（Ruhrkampf）　28, 75, 76, 131, 161, 231
劣等人種（untermenschen）　142
ロシア革命　17, 85, 127
ワルシャワ協定・条約機構　19, 32, 33, 73, 156, 172, 193, 231
ワルシャワ・ゲットー　101

人名索引

ア行

アーウィン卿（Lord Irwin, Edward Wood, 1881–1959）　133
アリストテレス（Aristotle, BC384–BC322）　135
エーベルト（Friedrich Ebert, 1871–1925, ワイマル共和国大統領 1919–25）　22, 155
ウィルソン（Woodrow Wilson, 1856–1924, 米大統領 1913–21）　73
ウビコ（Jorge Ubico, 1878–1946, グァテマラ大統領 1931–44）　69, 97, 114

カ行

カトコフ（George Katkov）　115
カップ（Wolfgang Kapp, 1858–1922）　21–23, 88, 121, 122, 125
ガンディー（Mohandas Gandhi, 1869–1948）　17, 48, 108, 133
ギブス（Norman Gibbs, 1910–90）　212
キング・ジュニア（Martin Luther King, Jr., 1929–68）　99
クウィスリング（Vidkun Quisling, 1887–1945）　19, 80, 120, 121, 151
クーベ（Wilhelm Kube, 1887–1943）　142
グスタフソン（Gunnar Gustafsson, 1922– ）　230
クリーゲル（František Kriegel, 1908–79）　32
クレパン（Jean Crépin, 1908–96, 在独 1961–63）　26
ゲッベルス（Joseph Goebbels, 1897–1945）　127
ゴ・ディン＝ジェム（Ngô Đình Diệm, 呉廷琰 , 1901–63, ベトナム共和国大統領 1955–63）　17, 73, 106
ゴルバチョフ（Mikhail Gorbachev, 1931–）　213

125

サ行

サラン（Raoul Salan, 1899–1984）　24
シャール（Maurice Challe, 1905–79）　24, 27
シャルブルク（Christian Frederik von Schalburg, 1906–42）　78
ジュオー（Edmond Jouhaud, 1905–95）　24
スヴォボダ（Ludvík Svoboda, 1895–1979, チェコスロヴァキア大統領 1968–75）　33, 34
スターリン（Iosif Stalin, 1878–1953）　246
スムルコフスキー（Josef Smrkovský, 1911–74）　32
ゼーフェリンク（Carl Severing, 1875–1952, 1880–26）　30
ゼレール（André Zeller, 1898–1979）　24
ソーロー（Henry David Thoreau, 1817–62）　48

タ行

ダリン（Alexander Dallin, 1924–2000）　142
チェルニーク（Oldřich Černík, 1921–94）　32
テアボーフェン（Josef Terboven, 1898–1945）　120
ド・ゴール（Charles de Gaulle, 1890–1970, 仏大統領 1959–69）　18, 23–27, 155
ドプチェク（Alexander Dupček, 1921–92）　32, 34, 132, 133, 156, 157, 193
ドブレ（Michel Debré, 1912–96, 仏首相 1959–62）　25, 155
ドラリュ（Jacques Delarue, 1919–2014）

ナ行

ニコ（Juan-Louis Nicot, 1911–2004）　24
ニコライ２世（Nicholas II, Николай II, 1868–1918, ツァー 1894–1917）　114, 115
ネ・ウィン（Ne Win, 1911–2002, ビルマ革命評議会議長・大統領 1962–81）　97

ハ行

バカン（Alastair Buchan, 1918–76, 国際戦略研究所初代所長 1958–69）　212
ハヴェル（Václav Havel, 1936–2011, チェコスロヴァキア大統領 1989–92, チェコ共和国大統領 1993–2003）　133
ハルテネック（Gustav Harteneck, 1892–1984）　143
ピノチェト（Augusto Pinochet, 1915–2006, チリ大統領 1974–90）　97
ピエール＝ルイ（Joseph Nemours Pierre-Louis, 1900–66, ハイチ暫定大統領 1956–57）　21
ビゴ（Pierre-Marie Bigot, 1909–2008）　24
ヒトラー（Adolf Hitler, 1889–1945）　54
フサーク（Gustáv Husák, 1913–91, チェコスロヴァキア共産党第一書記 1969–87, チェコスロヴァキア大統領 1975–89）　34, 132, 193
フランコ（Francisco Franco, 1892–1975）　213
ポアンカレ（Raymond Poincaré, 1860–1934, 仏首相・外相 1922–24）　31

ホルスト（Johan Jørgen Holst, 1937–94）　232

マ行

マッカーシー（Ronard M. McCarthy, 1927–2012）　84
マルコス（Ferdinand Marcos, 1917–89, フィリピン大統領 1965–86）　67, 120, 129
マルティネス（Maximiliano Hernández Martinez, 1882–1966, エルサルバドル大統領 1931–44）　69, 97, 114
マグロワール（Paul Magloire, 1907–2001）　79

ヤ行

ヤルゼルスキ（Wojciech Jaruzelski, 1923–2014, ポーランド首相 1981–85）　21
ユルザリ（Matei Yulzari）　74

ラ行

ライトリンガー（Gerald Reitlinger, 1900–78）　99
ラ・ボエシ（Étienne de La Boétie, 1530–63）　42, 43
リュトヴィッツ（Walter von Lüttwitz, 1859–1942）　21, 23
ルーデンドルフ（Erich Ludendorff, 1865–1937）　22
リュビチク（Nikola Ljubičić, 1916–2005）　234
レーシュ（Otto Rösch, 1917–95）　228
レーニン（Vladimir Lenin, 1870–1924）　20, 21
ロバーツ（Adam Roberts, 1940– ）　234